U0247334

互文
Intertext

对本书的好评

本书是我读过的最震撼人心的书之一。那些星座、星系以及恒星的图片让我不寒而栗。我自己无法理解无限的概念，它一直困扰着我，而如果思考得太深入，我会被逼疯。爱因斯坦的语录与宇宙间的奇迹交织在一起，让本书成为珍贵而绝无仅有的宝藏。爱因斯坦是那么具有好奇心、那么完美，满怀人类善良而聪敏的同情心。他如同释迦牟尼、耶稣、甘地一般，是现代的先知。他懂得很多知识，同时，他也意识到站在这奇迹般的世界面前，他对宇宙谜题的理解和认知还只是一点点。

——海伦 · 寇蒂卡 · M.D.

作家，社会责任医师组织联合创建者，被史密

森尼学会提名为20世纪最具影响力的女性之一

本书所展现的爱因斯坦关于信仰、存在和道德的思想与感悟，是一位洞察力深刻、道德高尚且极具智慧的人对宇宙的思想与感悟。对那些正与我们文明中的伟大问题和困境搏斗的人来说，本书是十分重要的阅读材料。

——艾德加 · 米切尔，D.Sc.

阿波罗14号宇航员，第六个登上月球的人，

思维科学研究所创立者，作家

The Cosmic View of Albert Einstein

爱因斯坦的宇宙

[美] 阿尔伯特·爱因斯坦　著

[美] 沃尔特·马丁，[德] 玛格达·奥特　编

汪翊鹏　译

外语教学与研究出版社

北京

京权图字：01-2017-3012

Originally published in 2013 in the United States by Sterling Ethos, an imprint of Sterling Publishing Co., Inc., under the title THE COSMIC VIEW OF ALBERT EINSTEIN: WRITNGS ON ART, SCIENCE, AND PEACE
This edition has been published by arrangement with Sterling Publishing Co., Inc., 1166 Avenue of the Americas, New York, NY, USA, 10036.

图书在版编目（CIP）数据

爱因斯坦的宇宙 /（美）阿尔伯特·爱因斯坦（Albert Einstein）著 ;（美）沃尔特·马丁（Walt Martin），（德）玛格达·奥特（Magda Ott）编 ; 汪翊鹏译. — 北京 : 外语教学与研究出版社，2017.5（2019.10 重印）
ISBN 978-7-5135-9134-8

Ⅰ. ①爱… Ⅱ. ①阿… ②沃… ③玛… ④汪… Ⅲ. ①相对论－普及读物 Ⅳ. ①O412.1-49

中国版本图书馆 CIP 数据核字（2017）第 130863 号

出 版 人 徐建忠
出版统筹 张 颖
项目策划 杨芳州
责任编辑 孙嘉琪
封面设计 马晓羽
内文设计 孙嘉琪
出版发行 外语教学与研究出版社
社 址 北京市西三环北路 19 号（100089）
网 址 http://www.fltrp.com
印 刷 北京盛通印刷股份有限公司
开 本 889×1194 1/32
印 张 5.5
版 次 2017 年 6 月第 1 版 2019 年 10 月第 2 次印刷
书 号 ISBN 978-7-5135-9134-8
定 价 49.00 元

购书咨询：（010）88819926 电子邮箱：club@fltrp.com
外研书店：https://waiyants.tmall.com
凡印刷、装订质量问题，请联系我社印制部
联系电话：（010）61207896 电子邮箱：zhijian@fltrp.com
凡侵权、盗版书籍线索，请联系我社法律事务部
举报电话：（010）88817519 电子邮箱：banquan@fltrp.com
物料号：291340001

谨以此书纪念詹姆斯·范·艾伦，
一个从未丧失好奇心的人

目录

第四章

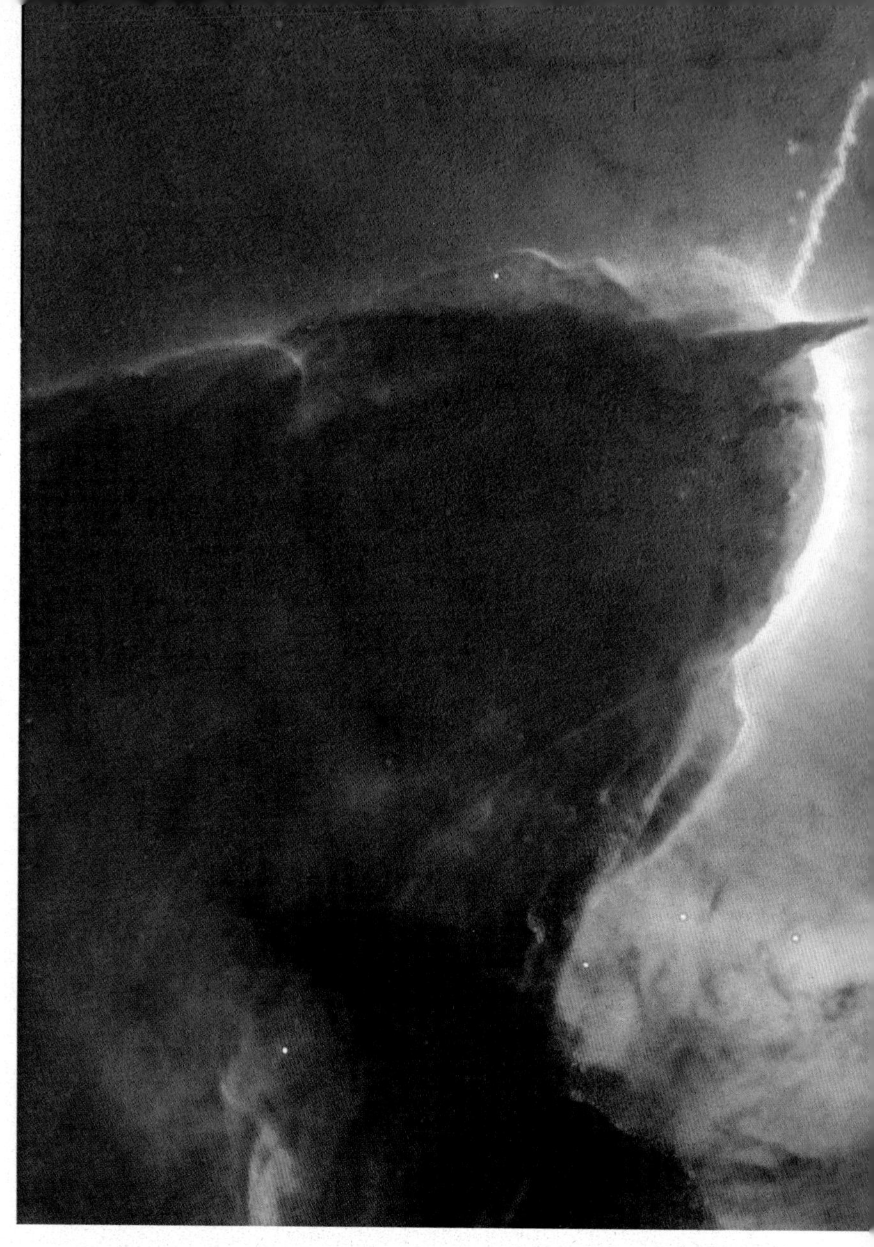

▲ **三裂星云** 看上去就像《爱丽丝梦游仙境》中的古怪角色，而这张哈勃望远镜的图片实际上展示了一个恒星形成区被来自邻近大质量恒星的辐射撕裂的景象。三裂星云位于人马座，距离地球约9,000光年。

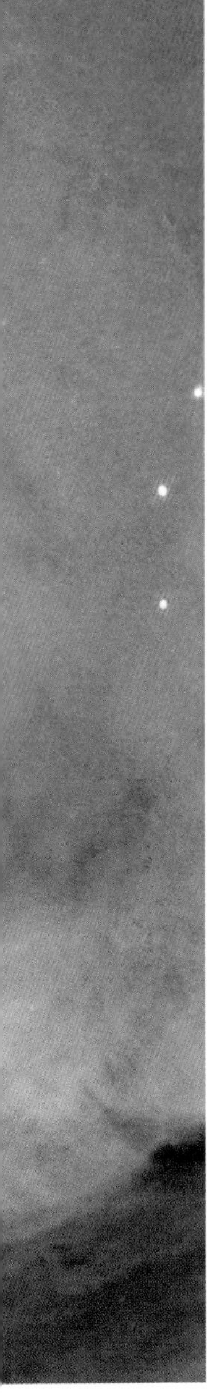

这是一本美丽的图书，但它的意义远远不限于此。书中展示了大量自然界奇迹的精美图片，让人们意识到宇宙是那样的广阔又纷繁复杂。这些图像为读者们共享现代天文学的成果提出了挑战，也冲击着他们固有的人文思想。本书的编者引用了爱因斯坦著作中相关的观点，以此来应对上述挑战。爱因斯坦的思想引导着读者对我们的宇宙走向更深刻的理解，并对那种神圣且无所不知的力量产生信仰。

James A. Van Allen

詹姆斯·范·艾伦

范艾伦带的发现者

范艾伦带是围绕地球的一条辐射带

是极光产生的根源

ALBERT
EINSTEIN
LIVED
HERE
HERBLOCK
©1955 THE WASHINGTON POST CO.

前言

爱因斯坦的宇宙观

在1955年爱因斯坦逝世后，漫画家赫布洛克（Herblock）在4月19日的《华盛顿邮报》上发表了一张他最著名的漫画作品。在那张漫画里，他描绘了一个浮满球状天体的宇宙空间，我们小小的地球跻身其中。在地球上挂着一块醒目的公告牌，上面写着“阿尔伯特·爱因斯坦曾经生活在这里”。这张看似简单的漫画充分表现了这位20世纪最著名物理学家的复杂特质：他对全世界以至全人类的重要性，他对如何理解宇宙中基础真相的贡献，以及他自认为是一个世界公民而非某国国民的观点。

通过对智慧、学识、技术和艺术的适当编排，本书编者将爱因斯坦发人深省的语录与震撼人心的精美图片一同展现给读者，这些图片的作者包括NASA（美国国家航空航天局）、世界各地的天文台以及业余天文爱好者，其主题是我们这个膨胀中的动力学宇宙。“这个世界的永恒奥秘就是它的可知性。这个世界是可知的，这就是一个奇迹。”爱因斯坦1936年审慎发表了这一言论。这些图片，以及为了制作这些图片科学家、工程师及艺术家们所付出的努力，都是人类渴望探究宇宙这张变化莫测的画布的佐证。

阿尔伯特·爱因斯坦，这位物理学家里的超新星，以天才、和平主义者，以及晚年时人道主义者和政治活动家的身份著称。尽管他在多方面的成就足以使我们每个人羞愧脸红，但他仍然是个十分谦逊的人。他在人生道路上和我们每个人一样，也经常会笨手笨脚地犯错误。尽管如此，他能明智地随时间和环境的变化改变自己世界观和物理学思想中的观念。

作为序言，这里似乎需要简短阐述下爱因斯坦的人道主义倾向。他的信念和信仰可以总结到他的“宇宙观”中，其中涉及了宗教、和平主义、科学家的社会责任感，以及他热切渴望设立一个政治中立的世界政府，以从更基本的人性出发来保护我们的星球和人类。

爱因斯坦的“宇宙宗教”

本书照片的主要作用旨在启发惊奇与敬畏，这是爱因斯坦用来定义他对大自然力量和法则的信仰的词句。他把这个称为他的“宇宙宗教”。关于“爱因斯坦的宗教信仰”这个课题十分棘手，我们只能通过阅读他留下的语录体会他的宗教情感，其中许多语录都收录在本书中，并伴以精美的照片。作为对爱因斯坦的作品和人格很熟悉的人，我斗胆说，爱因斯坦所谓的“宇宙”宗教的信仰，所要表达的很可能是这样的意思：他并非无神论者，他信仰“真正的”上帝，而不是社会上大多数宗教里那种“人格化的”上帝。

在爱因斯坦的心中，他自己并不是无神论者，他说过："即使看到以我这人类的思想所能认知的宇宙的和谐，仍然有人说上帝是不存在的。让我生气的是，他们引用我的言论来支持这些观点。""有些狂热的无神论者心胸狭窄的程度堪比狂热的教徒，他们的根源是相同的……他们都是听不到天籁之音者。""天籁之音"的说法至少可以上溯到16世纪，据说它是天体秩序之源，而且音乐可以缓和人类的情绪和社会力量。正如以上这些写于1941年左右的文字所描述的，爱因斯坦是排斥无神论的。他最多承认自己是一名不可知论者，1950年他写道："我是站在不可知论的角度思考关于上帝的问题的。我坚信，一个能完善和升华生命的道德准则的首要观念是不需要立法者的想法的，特别是一个精于计较奖励和惩罚的立法者。"

爱因斯坦的宗教观念是基于更恒定的主题——大自然和它不可动摇的和谐的法则，而不是经年累月被自以为是的专家们和不容置疑的信徒们口耳相传、指定，甚至篡改的教条。大自然本身就是上帝的观念已经存在了几个世纪，其中最突出的支持者是荷兰犹太哲学家巴鲁赫·斯宾诺莎（Baruch Spinoza），他对爱因斯坦的宗教思想有着深远的影响。"我信奉斯宾诺莎的上帝，那是一个会在众人间和谐显露神迹的上帝，而不是一个总担心人们的行为和命运的上帝。"通过这种方式，爱因斯坦把科学和宗教统一在一起，而根据他自己的说法，他是一个"对宗教深深不信任的人"。此外，他的世界观是开放且包容的，他认为耶稣、佛祖和摩西都只是先知。

在提到他的上帝时，爱因斯坦对"那个老人家"充满惊奇和敬畏，因为他设立了从大爆炸最早期开始的近乎完美的运动秩序系统。经历了亿万年的物理变迁，而且就地球来说，至少还经历了生物转化和演化后，这套系统依然保持了下来。通过这样不变的自然法则，宇宙得以存活至今。在最近一段时间，通过开采自然资源，人类已经能够以发展的名义对自然法则进行干预，这虽然造福了人类，却往往会对这颗星球造成损害。如果爱因斯坦活在今日，一定会去传扬一种主张，通过削减某些地方的某些过度狂热的消费，以达成社会发展与自然和谐的平衡。

和平主义者，科学家的社会责任，以及世界政府

爱因斯坦是一名终生不渝的和平主义者，除了在二战中阿道夫·希特勒强迫他放弃他长久以来坚持的信仰之外。"我的和平主义是

▶ **一片满布萤火虫的草丛。**萤科甲虫（学名：Lampyridae，意为"闪耀之火"）是一种能像恒星一样发光的昆虫，发光效率高达95%–99%，只有1%–5%的能量因发热损失掉，现在最先进的技术也无法达到这样的程度。这张照片由爱荷华州的R.施赖伯拍摄，未使用闪光灯，也未经后期数码处理，是萤火虫生存的天然环境。

一种本能的情感，我拥有这种情感是因为谋杀他人是极其令人憎恶的，”他在1929年这样写道，“我这种态度并非源自任何学术理论，而是基于我对一切残忍憎恶之事的反感。”他自认为是一名“好战的和平主义者”，意为愿意为和平而战的人。他十分赞赏甘地的和平抵抗学说，甘地说过：“非暴力形式是人类处理事情时的最强力量。”如果他活到马丁·路德·金的时代，他一定也会十分支持马丁·路德·金的和平策略和议程。爱因斯坦还常常谈到科学家和决策者对新发现物尽其用的责任，呼吁将新发现用在和平事业而不是战事上，而且要能为全人类造福。1948年8月，二战结束三年后，时值一个不确定的新原子时代，他向知识分子同事们传达了这样一条信息：“我们科学家的使命已经变成去协助开发更可怕更有效的毁灭手段，这是一个悲剧。我们必须把尽我们所能去阻止这些武器被残忍利用作为我们庄严而至高无上的职责。还能有什么样的任务对我们更重要呢？”

爱因斯坦对于自己在用来建造原子弹的物理学理论中所做出的贡献感到后悔，在他生命的最后十年里，他一直致力于原子能的和平应用以及建立一个“超国家”组织——这是一种世界政府，其目的是控制所有武器，以及保障个人的自由。他觉得，只有这种国际组织才能引导世界走向和平。他生命中最后签署的非科学声明日后被称为《罗素-爱因斯坦宣言》(Russell-Einstein Manifesto)，这是从二十世纪留传至二十一世纪仍具有深远影响的重要文件之一。这份宣言在爱因斯坦去世三个月后由哲学家、和平主义社会活动家伯特兰·罗素（Bertrand Russell）正式对外发布。这份文件号召所有国家“把放弃核武器作为常规削减军备的一部分”，还有另外九位杰出的科学家也签署了这份宣言，他们请求世界上的科学家及普通民众，都签署遵守如下解决方案：“鉴于核武器将被用在未来的世界战争之中，而这类武器将威胁人类的生存，我们敦促各国政府正视这个问题，并且公开宣布他们不会挑起世界战争，我们还要敦促他们寻找和平手段解决彼此间的任何争端。”然而，这并未引起各国政府的重视。

爱因斯坦为达成世界和平、构建世界秩序以及促进国际合作的人道主义坚持不懈奋斗，他强烈反对麦卡锡主义、种族隔离制度和种族歧视，他还坚定支持世界各地的人权运动，时至今日，他仍因此备受尊敬。当读者阅读本书内容、阅览精美图片时，不论他们的信仰是否与爱因斯坦的相同，一定都会对大自然充满敬畏和惊奇，就像爱因斯坦在思索大自然时的感觉一样。如我们所见，我们都不过是天籁之音中的一个小小的音符，所有地球人应该加倍努力凝聚在一起，来保护、维护和敬畏我们的物理空间以及我们的同胞。

艾丽斯·卡拉普赖斯

《爱因斯坦终极语录》一书作者

普林斯顿出版社前高级编辑

负责编撰爱因斯坦论文选集

“我认为，人类正在走向一个新的时代，和平条约将不仅局限于纸面，更将根植于每个人心中。”(1946)

爱因斯坦的遗产

本书将向读者阐述阿尔伯特·爱因斯坦的“宇宙观”，书中直接引用了爱因斯坦在不同场合、平台（文章、书籍、信件以及采访等）发表的言论，并伴以精美的天文图片做插图。本书将带领读者洞悉爱因斯坦的信仰和情感，以此激发读者的好奇心去探究爱因斯坦对现代科学和思想的丰厚贡献。

爱因斯坦不仅是一名伟大的科学家，还是语言文字应用的大师。他的作品体现出他是一位思想深刻的大家，他不相信人格化的上帝，而相信“宇宙法则中所体现的一种精神——那是一种远远超越人类灵魂的精神，以我们渺小的能力与它直面只会感到卑微”。

爱因斯坦发表的两大理论被大量天文观测证实，以此树立起了他的名望。他推翻了已持续三个世纪的宇宙学观点。他构建了一个全新的宇宙观：这是一个极奇怪而美丽的宇宙，在这个宇宙中，时间是空间外的另一维度，而且不存在绝对的参考系标准。米尺只有在静止时才是一米，它运动起来就会变短，运动越快就变得越短。

时间也是相对的。在这个“爱丽丝梦游仙境”般的宇宙中，时间不再是一成不变的绝对度量。在运动时，每个物体都有各自的时钟，物体运动越快，它的时间流逝越慢。一切的极限障碍是光速。没有物质体能达到光速；因为质量随着速度的增加而增长，直到达到光速的时候，质量会达到无限大，而时间会静止。

“奇怪啊奇怪！”就像爱丽丝惊叹的那样，爱因斯坦的宇宙中时空会因物质发生扭曲。这种时空的弯曲或蜷曲就是引力，引力十分强大，它能把物质都卷进黑洞之中，没有东西能从中逃逸出来，即使光也不行。

1905年被称作爱因斯坦的“奇迹年”，这一年，他发表了《狭义相对论》一文（在文中所阐述的理论基础上建立了后来的广义相对论），同年他还发表了关于布朗运动和光电效应的学术论文。狭义相对论和广义相对论对现代宇宙学是必不可少的，对宇宙的起源、结构形成以及时空关系的研究囊括了质量与能量的关系（$E = MC^2$）、引力波的存在、黑洞的存在，以及最令人信服的宇宙诞生理论——大爆炸。他对光电效应的解释帮助他人创立了量子力学。

为其中固有的不确定性，爱因斯坦倔强地排斥量子理论，他认为：“上帝不玩色子。”目前看来，这点他错了。宇宙是被不确定性激发的（如：不确定性原理、纠缠态、虚粒子、真空涨落等等）。纯粹的创造性是从它自身中被它自己催生出的，表现为遵循自然法则的无限创造性。然而爱因斯坦对自然法则以及它所展现的“无上精神”十分赞赏。他穷尽一生都在探索理解这些法则的方法，并希望以此瞥见上帝的思想。“我想知道上帝是如何创造这个世界的。我对这样还是那样的现象、这种元素还是那种元素的光谱都不感兴趣。我只想了解他的思想，其他的都只是细枝末节。”

天才的发明家们根据爱因斯坦的理论创造出来的实用产品似乎是无穷无尽的：太阳能设备、GPS组件、数码相机、DVD机中的激光。新一代相对论计算机晶片不久将使处理器的运行速度大大提高。这些处理器会更少发热，并消耗更少的能量。其他受爱因斯坦理论影响的发明会在未来的实验室里大量涌现。纳米技术学家在计划建造能加速DNA分析的设备，这种设备利用了分子的随机运动，爱因斯坦在1905年的论文中首次正确解释了这一现象。在世界各地，各大实验室正在创造物质的一种奇异态，那是1925年爱因斯坦在他经典的“思想实验”中所展望的。相干超冷原子——等效于激光束的物质——将会应用在导航用的便携原子钟、超精密陀螺仪中，还能用在探测矿脉和石油用的引力探测器中。

爱因斯坦最伟大的科学遗产大概就是统一场论了，它将所有的自然界定律归结到一个单一的统一理论。在生命的最后30年里，他独自研究着这一理论，他的成果启发了后人继续探寻这种万物理论。爱因斯坦死前，几乎没人了解核力，导致这一片拼图在理论中缺失。弦理论现在是统一理论中的前沿课题。现代物理学的两大支柱——相对论和量子力学也许最终都会被结合到单一的统一场论中。它将结合所有基础物理学的知识成为科学中最高级别的伟大成果，如爱因斯坦所相信的那样，这将使我们“去读懂上帝的意志”。如今，一百多年

▲ **爱因斯坦收到一台望远镜礼物**。爱因斯坦正通过一台8英寸牛顿式F-8望远镜的目镜观测。这台望远镜由照片中左侧的兹维·吉扎里先生亲手制作，右边看着他们俩的女士是夏普夫人。爱因斯坦博士代表以色列本舍门的“艾尔莎和阿尔伯特·爱因斯坦学校”接受了这台望远镜。这所学校为来自21个国家的孩子们提供科学训练。

过去了，爱因斯坦仍然在帮我们理解着宇宙中不断扩张的奇迹。

然而，爱因斯坦终生对人权和世界和平的激情常常被人忽略，而这比他在物理学中那些耀眼的成就有过之而无不及。如果不了解这些，对他和每个不了解真相的人都是一种伤害——那些认为他只是个不修边幅的天才的人，或者太过关注他的花边新闻的人，或者更有甚者只认他是“原子弹之父”的人。

关于爱因斯坦，诺贝尔和平奖得主约瑟夫·罗特布拉特，《罗素-爱因斯坦宣言》签字者之一，在2005年这样写道：“他与大众心目中的科学家形象十分不同……我敬仰他不仅因为他是伟大的科学家，作为人类，他同样伟大。”

关于科学对人类的责任这个问题，阿尔伯特·爱因斯坦的态度是十分明确的。在一次访问加州理工学院时，爱因斯坦对该校学生们发表了如下谈话：“为什么应用科学难以给我们幸福感？答案很简单：我们尚未掌握正确的使用方法。在战争中，它对人们来说就是毒害和残害其他人的手段。在和平时期，它让我们的生活繁忙而迷茫。它使得我们成为机器的奴隶。所有科技工作的主要目标都必须以人为本。当你琢磨自己的图表和方程时，绝不能忘了这一点。”

沃尔特·马丁，玛格达·奥特

本书编者

我们将不停止探索

而我们一切探索的终点

将是到达我们出发的地方

并且是生平第一遭知道这地方。

—— 摘自《四个四重奏》“小吉丁之五”（1943.）

T.S.艾略特，汤永宽 译

第一章

▲ **旋涡星系NGC1232** 是宇宙中最具启示的景象之一。它的两条主旋臂随着向外展开逐渐破碎成诸多碎片，现在已经是一个满身斑驳的星系——这让它展现出了异常复杂的结构。旋臂上不计其数的蓝色节点就是恒星们诞生的地方。

宇宙宗教

我笃信这个世界中至高无上的精灵，它会现身于我们卑微的思想所能感知的世界的细微之处。在这不可理解的宇宙中存在的某种超越一切的力量，就是我认为的神。

· · ·

我们所能体验的最美好、最深刻的情感是那种神秘的感觉。它是所有真正科学的播种机。如果一个人对这种感觉感到陌生，不再好奇并心存敬畏，那么他就和死人没有分别了。要认识到我们所不能洞察的东西的存在，感觉到只能以其最原始的形式接近我们心灵的那种最深奥的理性和最灿烂的美——正是这种认识和这种情感构成了真正的宗教感情。

· · ·

一个人是被我们称为“宇宙”的整体的一部分，是受制于时间和空间的部分。人们通常把自身以及自己的思想、感情作为与宇宙间其他事物分离的部分来体验——这是一种来自意识的光学错觉。这种错觉就像监狱一样，我们的私欲和喜好都受限于少数接触到的人。我们的任务就是从这座监狱中解放自己，要着眼于所有的生物和整个自然界，体会它的美。

早年

我年轻时相当早熟，我为大部分人锲而不舍地努力追求希望却一无所得而深深感动。不过，我很快就发现这种追求的残酷，比起现在，当年这种追求被虚伪而华丽的辞藻精心掩饰过去了。每个人都被内心单纯的欲望驱使去参与其中。虽然在名利追逐中欲望很好地得到了满足，但是作为有思想、有情感的人却并无收获。宗教是第一种出路，它通过传统的教育机器把观念植入到每个孩子心中。因此我——尽管生于完全无宗教信仰的（犹太人）家庭——成为虔诚的教徒，但这只是十二岁以前的我。阅读了大量科普书籍后，我很快意识到《圣经》里的大部分故事应该不是真的。结果我徜徉在自由思想当中，夹杂着一个青年被国家编造的谎言欺骗的感觉；那是一种很深刻的感受。对所有权威的不信任由此滋生，在任何社会环境中都保持着怀疑一切的态度——这种

◀ 在这张银河系内巨星云NGC3603 的全景图片中，NASA的哈勃空间望远镜捕捉到了恒星从出生到死亡的不同阶段。右上的暗云被称为“伯克球”，那里正在经历恒星形成的早期阶段。图中恒星周围蓝色气体环和双极流（流向右上和左下）指示的是超新星爆炸过程中化学元素增丰过程，它正处于恒星的死亡阶段。

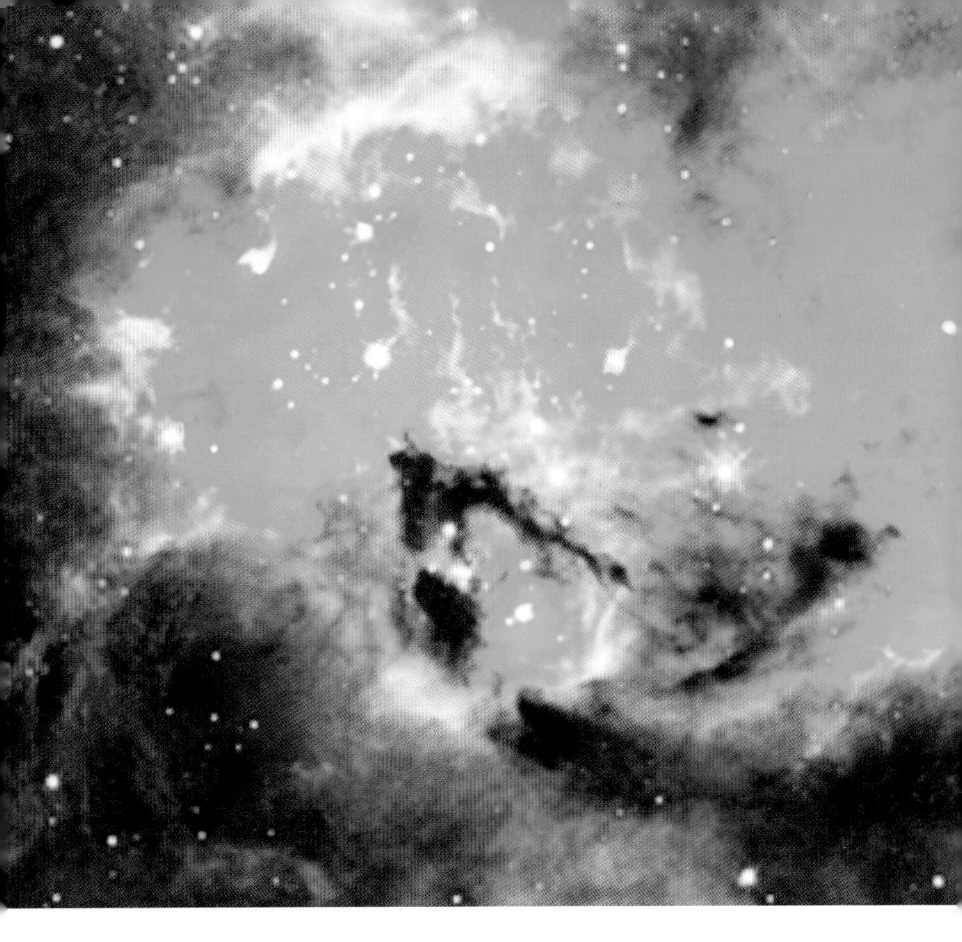

态度始终伴我左右，仅在对因果关系有了更好的认知后才有所缓和。

我很了解青年时心中那个宗教里的天堂，它只是我把自己的人性从充满原始希冀情感的身体中解放出来的初次尝试，我已不再信仰它了。我们面对的是这个庞大的世界，它是独立于人类的存在，在我们面前，它像一个巨大的永恒的谜，但至少我们的探索和思考可以触及它的一部分。对这个世界的思考就像在召唤一次解放，我很快就发现我所尊重和仰慕的人都已经从对世界的思考中找到了自己内心的平静和安详。在我们认知范围内，思想所

▲ 大麦哲伦云中的NGC2074。

在完成了历时18年、十万个轨道周期的探索发现后，NASA的哈勃空间望远镜被指向了天体诞生和轮回的地方，去拍摄那片耀眼的区域。这个区域原恒星此起彼伏地涌现，这可能是邻近的超新星爆发触发的。

触及的世界展现在我的头脑中，有意无意间成为了探求的终极目标。古往今来具有同样动机的人，连同他们所取得的成就，都是我们不能失去的朋友。通往这个天堂的路不像宗教的天堂之路那样舒适和诱人；但它已经证明自己是可靠的，我从来没有后悔选择了它。

生命的意义

人的生命的意义是什么，所有有机生命的意义又是什么？要从根本上回答这个问题，就意味着坚持一种信仰。你要是问纠结这个有什么意思？我的回答是，一个不懂尊重自己生命和其他生命的人就是个悲剧，不配拥有生命。

· · ·

每个独立个体只有当它使所有生命更高贵、更美丽时才具有意义。生命是神圣的，也就是说，它是至高无上的价值，所有其他的价值都是从属于它的。

· · ·

我觉得自己是所有生命中的一部分，但我并不与此间任何人存在的开始或终结相关。

· · ·

有时候，人们会因为人类固有的局限和不足而难以得到自我认同。这些时候，人们想象着一个人站在一颗小行星上的一点，凝视着冰冷深远宇宙中那永恒深奥之美。生与死都通向一体，既不变化也不终结，只是存在于那里。

◀ **伽利略飞船上拍摄的地球和月球**。离地球八天后，伽利略飞船已经可以回望地球，于是从620万公里（390万英里）高空的独特视角拍下了这幅月球处于绕地球轨道上的照片。

自画像

一个人几乎很难意识到自己存在于何处，这固然不会打扰到其他人。一条鱼对穷其一生所在的水能了解多少呢?

甘苦来自外界，坚强来自内心，来自自己的努力。大部分时候我做事都听从于本性。能赢得这么多的尊重和爱令我羞愧。也曾有憎恨之箭射向我，但是它们伤不到我，因为我的世界没有憎恨。

我曾孑然一身活在青涩的年纪，但到了成熟的年纪却如品甘饴。

◀ **蔷薇星云，NGC2237 是一个很大的发射星云，它距离我们有3000光年。其中大量的气体氢使它在大多数照片中呈现红色。来自疏散星团NGC2244的星风在星云的中心清理出了一片空洞。纤维状的暗尘埃带穿梭在星云的气体之间。蔷薇星云中可观测到高速运动的分子云团，其成因尚无定论。**

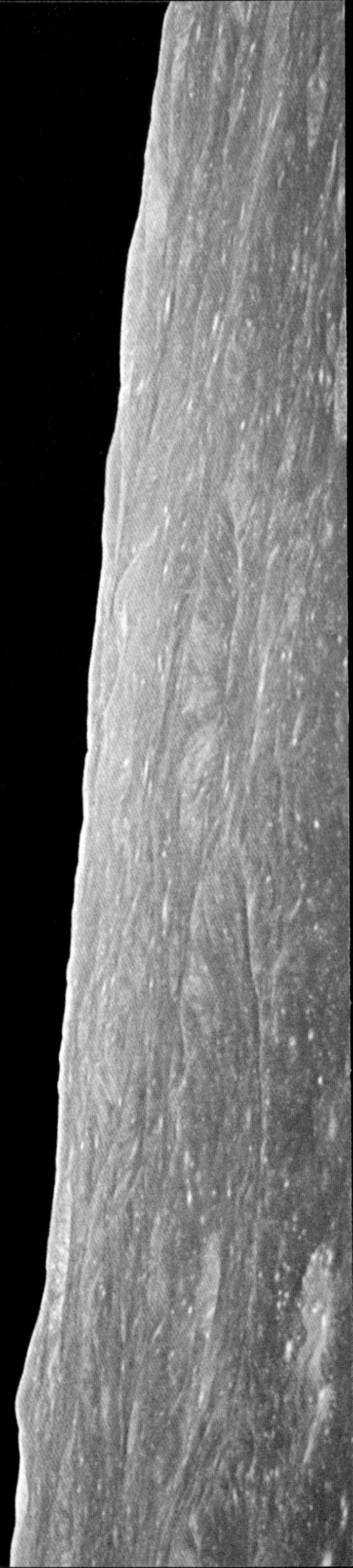

我所看到的世界

我们凡人是多么奇怪！我们每个人在世间只做短暂的停留；尽管有时会觉得自己能领会其中奥秘，但仍并不知道人生为何。不需深思，从日常生活中人们就能知道自己是为了他人而存在的——首先为了那些我们自己的幸福完全建立在他们的开心和幸福之上的人们，其次为了许多我们并不认识但和我们意气相投的人们。每天我都要提醒自己上百次：我的精神生活和物质生活都是建立在其他生者或者死者劳动成果的基础上，我必须尽力以同样的分量来回报我所领受了的和至今还在领受着的一切。我强烈倾向于过一种节俭的生活，然而我经常沉痛地意识到自己占用了同胞过多的劳动。我认为阶级划分是不公正的，归根结底是一种强制的行为。我还相信简单朴素的生活对每个人的精神和身体都有好处。

我完全不相信哲学概念中的人类自由。每个人的行为不仅受到外部力量的强迫，还要符合自己的内心需求。叔本华的名言，“人虽然能够做他所想做的，但不能要他所想要的”，从青年时代起就鼓舞着

◀ **从月球轨道上看地球**。这张特别的图片也许会成为人类历史上最著名的照片。与其他在月球表面拍摄的地球照片不同，图中的视角是在阿波罗8号舱内。它是在其首次载人绕月任务返航前拍摄的，拍到了我们所居住星球的动人瞬间。它启迪着呼吁环保、人权和世界和平运动的人们，因为它让我们看到了我们的家园在宇宙中的全貌。

我。在面对我自己和其他人的艰辛生活时，它就是从未间断的慰藉，也是永恒忍耐的源泉。这种意识仁慈地缓和那容易令人气馁的责任感，并且防止我们对待自己或者他人的时候太认真。它有助于人生观的形成，特别是赋予我们应有的幽默感。

从客观角度看，探求自己或者所有其他生物生存的意义和目标在我看来总是荒唐的。然而，每个人都有一定的理想，这决定了他奋斗的方向和评判的准则。在这个意义上，我从未把安逸享乐作为终极目标，那种以安逸享乐为目标的伦理基础我称其为猪圈的理想。照亮我前行道路的理想就是"真、善、美"，它一次又一次赋予我开心面对生活的勇气。如果没有对志同道合者的亲切感情，没有对客观世界的竭力探索，没有对永难达成的艺术和科学成就的追求，生命于我就是空虚的。我向来不屑那些人们通常追求的庸俗目标——财富、外在的成就以及享乐。

· · ·

我明显缺乏与其他人及团体直接接触的需求，这与我强烈的社会正义感和社会责任感形成鲜明反差。我是一名真正的"独行客"，我从未全心全意地属于过我的国家、我的家乡、我的朋友、甚至我亲近的家人。面对这些关系时，我从未失去距离感，我总需要独处，这种感觉随着年龄增长越发强烈了。一个人会逐渐明确意识到与他人之间的相互理解和心有灵犀都是有限的，但并不会因此感到惋惜。毫无疑问，这样的人会失去一些天真无忧，但另一方面，他会更加独立于伙伴们的观点、习惯和判断，并且可以避免受到诱惑而把内心的平静建立于不可靠的基础上。

· · ·

我的政治理想是民主。让每个人都作为独立个体被人尊敬，不再有偶像化的人。然而我的命运就是个讽刺，我受到了我同胞们过分地钦佩和尊敬，尽管由始至终我自己无功无过。这种情况大概源自一种欲望，想要理解以我绵薄之力不断奋斗而得到的少数几个观点，而这对大部分人都遥不可及。我十分明白，一个组织要实现它的目的，就必须有人思考、领导，并且负担起全部责任。但这种领导不能是强制的，人们必须要能选择由谁做领导。

我认为，一个专制的独裁制度会很快恶化。因为力量总是吸引道德水平低下的人，所以我相信天才的暴君总会被无赖继承，这是条不变的定律。正因为如此，我强烈反对我们现在所见的意大利和俄国的体制。欧洲今天所存在的民主形式遭受质疑的情况，不能归咎于民主原则本身，而是源于政府缺乏稳定性和选举制度的客观特点。对此，我相信美国已经找到了正确的道路。他们会选出一名任期足够长的总统，并且这名总统拥有足够的行使职责的权力。另一方面，我十分看重德国政治制度中对于个人生病或有需求时所提供的广泛供养措施。对我来说在人生这场盛宴中最有价值的东西不是政治状态，而是有创造力、有情感的个体，性格鲜明的个体；尽管群众在思想和情感上愚钝，但个体仍能创造出高尚而卓越的成就。

这个话题总把我带向群众生活中最糟糕的表现——军事化制度，这是我所厌恶的。一个人兴高采烈地跟着军乐队在四列纵队中行军，就足以引发我对他的鄙夷。给他一个大脑就是个错误，只要脊髓就足以满足他的需求。这个文明的疫病灾区应该尽快被废除。由命令催生的英雄主义行为、无意义的暴力行为，以及所有以爱国主义为名

的胡作非为都令我感到极为厌恶。对我来说，战争是多么卑鄙可憎。我宁可被砍成碎片，也不愿参与这种恶心勾当。我对人类的评价相当高，这让我相信，如果人们健全的心智还未被那些商业和政治利益驱使的学校和媒体蓄意腐化，那么战争这个妖怪就早已销声匿迹了。

我们所能拥有的最美好的体验是神秘的体验。它是立足于真正的艺术和科学摇篮里的基本情感。那些没有神秘体验的人，不再拥有好奇心，不会再感到惊奇，就像死尸一样，双目也黯淡无光。正是这种神秘的体验掺杂着畏惧形成了宗教。我们能认知到某些无法洞察之物的存在，那些最深奥的原理和最灿烂的美丽只能以它们最原始的形态出现在我们的思想之中——正是这种知识和情感构成了真正的宗教。在这个意义上，也仅基于此，我是一个虔诚的教徒。我无

▲ 阿贝尔2218，是位于天龙座的一个巨大星系团，距离地球约20亿光年。它质量相当大，以至于它的引力场使来自其背后的更遥远天体的光线被增强变量并发生扭曲。这个现象被称作引力透镜（是爱因斯坦的广义相对论所预言的现象之一），图中遍布的弧形图案就是有力证据。这些“光弧”实际是更远星系的图像被引力场扭曲造成的，它们比阿贝尔2218远5到10倍距离。

法设想一个对自己的造物施行奖惩的上帝，也无法设想它拥有我们自身体验到的那种自由意志。我不能也不会设想，有个体能在肉体死亡后存活；让恐惧或者愚蠢的利己主义者们脆弱的灵魂去保有这种想法吧。我满足于生命永恒的神秘感，也满足于对现实世界奇妙结构的认识和了解，并且满足于能努力探究自然界所体现出来的原理的一部分，哪怕只是微小的一点。

人类就像是被连根拔起的大树，根裸露在空气之中。我们必须重新把自己栽种到宇宙里。

——《查泰莱夫人的情人》（1928）,D.H.劳伦斯

第二章

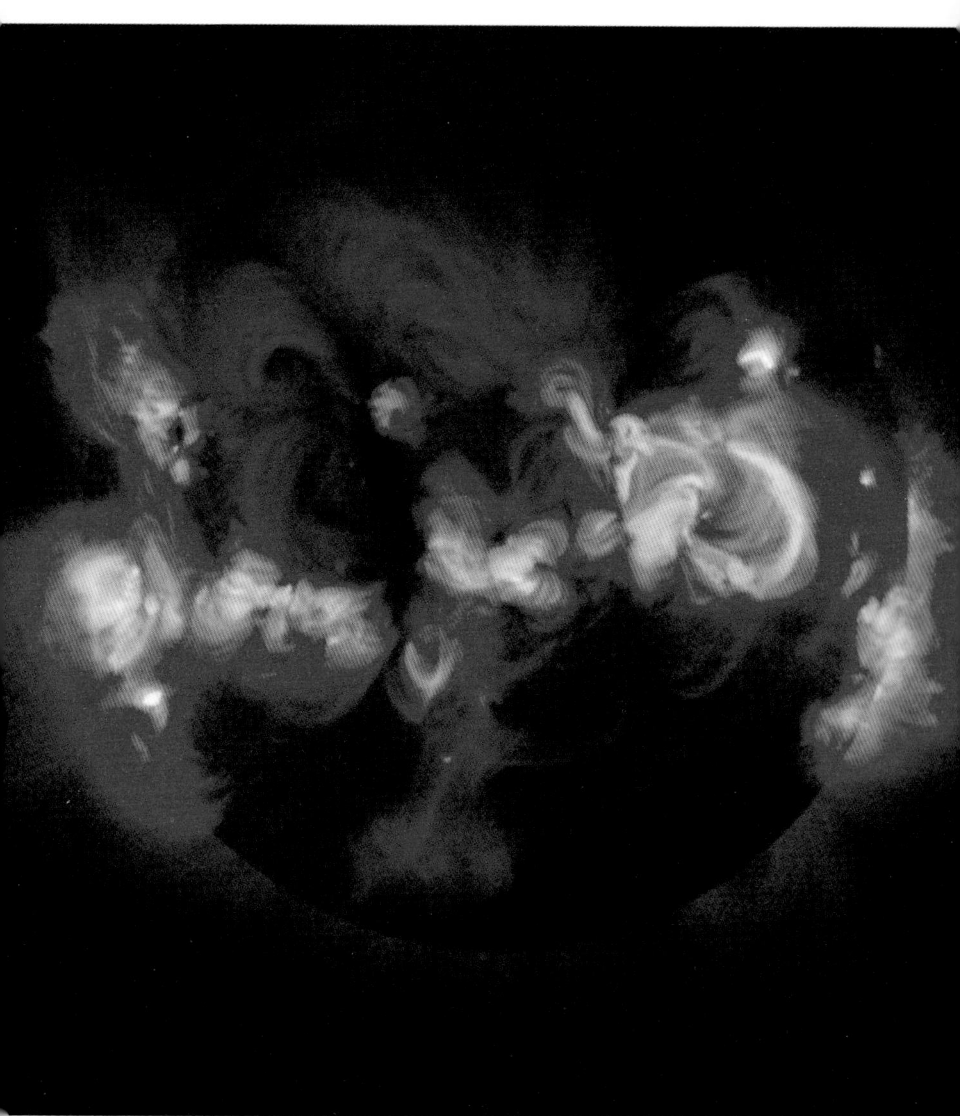

▲ “阳光”卫星拍摄到的X射线波段太阳图像。1991年底“阳光”卫星搭载的X射线照相机拍到了这张壮观的照片。当时的太阳正处于11年活跃周期的高峰期。分布在太阳赤道上的爆发区中的太阳大气正在向外喷射能量。这些被作为太阳磁场结构的指示，因为气体被上百万度高温的日冕流电离后只能沿着磁力线运动。

宗教与科学

人类所做所想的所有事都是与满足基本需求和缓解疼痛相关的。要想理解宗教运动和它们的发展，就必须把这一点铭记于心。感觉和渴望始终是所有人类奋斗和创造背后的推动力，不管后者在我们面前以怎样高尚的伪装出现。何种情感与需求才会使人产生最广泛意义上的宗教思想和信仰呢？稍微思考一下，我们就能想到是最多变的情感促成了宗教思想和经验的诞生。对原始人而言，恐惧是唤起宗教观念的首要因素，包括对饥饿、野兽、疾病、死亡的恐惧。因为在这个时期对因果关系的理解十分落后，人类意识创作出或多或少与自身相似的虚幻生物，认为这种生物的意识和行为导致了那些可怕的事情发生。因此，人们试图根据代代相传的传统进行献祭活动，来博取这些神灵的宠爱，安抚他们让他们赐福于凡人。在这个意义上，我说的是恐惧的宗教。祭祀阶层的形成虽然没有创造这种宗教，但是从某种程度上让宗教形式稳定下来，祭祀成为人们与他们所畏惧的生物间的媒介，并且在此基础上树立了领导权。许多情况下，一个领导者或者统治者或者一个特权阶级的地位是由其他因素决定的，例如将他的世俗权力和祭司职能相结合，使其世俗地位更加稳固；又或者政治领袖和祭司们为达到共同的利益联合到一起。

社会冲动是宗教的另一具体源头。父亲、母亲以及更大规模人类群体的领袖都是凡人，都会犯错。对引导、爱情以及支持者的渴望促使人们产生有关上帝的社会概念或道德概念。这是一种天意的上帝，他会执行保护、处置、奖励、惩罚；在信徒的眼中，他会热爱和珍惜部落中的生命、人类的生命，甚或生命本身；他会抚慰悲伤和未能满足的渴望；他会保护逝者的灵魂。这就是有关上帝的社会概念或者道德概念。

犹太教经典中明确说明了从恐惧的宗教向道德宗教的发展历程，这一进程在《新约》中仍在继续。所有文明民族的宗教都是道德的宗教，东方民族的宗教尤甚。从恐惧的宗教向道德宗教的发展是人类生活的一个巨大进步。然而，原始的宗教完全基于恐惧，而文明种族的宗教纯粹基于道德，这种观点是我们必须警惕的偏见。事实就是，所有宗教都是两种类型的混合，差别在于较高文明程度社会中的宗教里道德宗教居于主导地位。

所有这些宗教类型的共同点是他们都有拟人化的上帝概念。通常来说，只有天赋异禀的个体，或者极其高尚的群体才能达到与这个级别相当的水平。但在所有宗教里还有第三阶段的宗教经验，即使它极少以纯粹的形式被发现：我称它为宇宙的宗教情感。要向没有这种情感的人阐明它是非常困难的，尤因其中不存在与其他宗教中拟人化上帝相对应的概念。

个人会感觉到自己在自然界和思想世界展现的人类的欲望和目标以及高尚非凡的秩序都是徒劳的。以个体的存在给人一种监狱的感觉，他想体验作为一个整体的宇宙。宇宙宗教思想在宗教发展的早期阶段就已发端，可见于许多大卫圣歌和一些先知书中。佛教中包含了

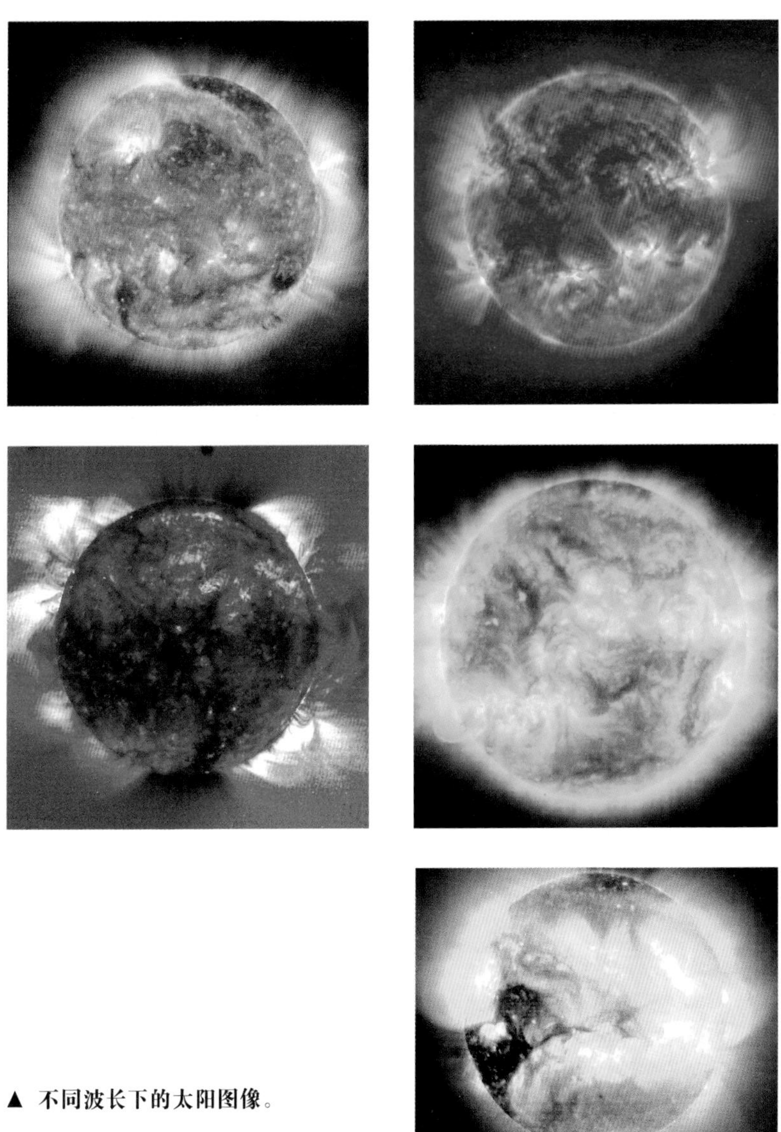

▲ **不同波长下的太阳图像。**

这些图片来自SOHO卫星搭载的极紫外照相机EIT。SOHO卫星是专门观测太阳的空间观测站，能对太阳进行不间断的观测。

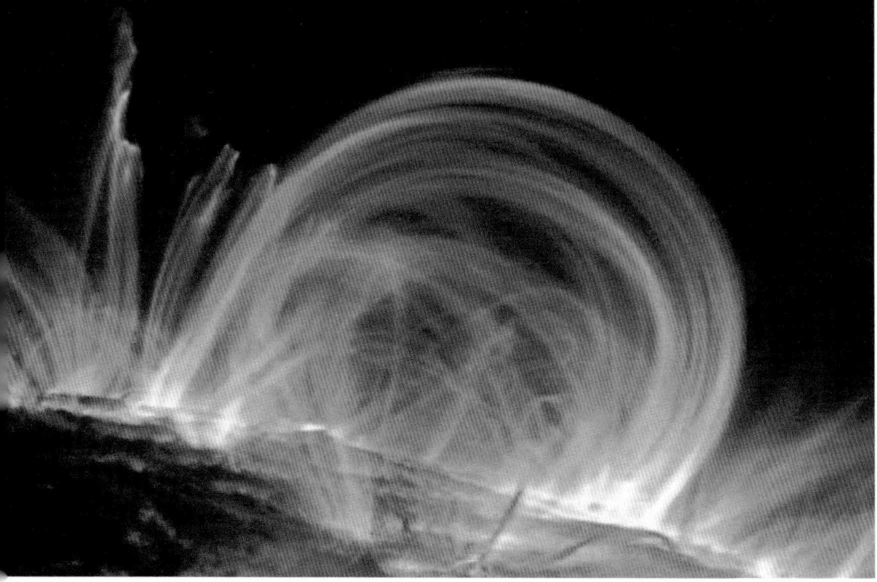

▲ **冕环**。位于太阳大气最外层的高速运动、达上百万度高温的巨型气体喷泉。

更多原初的宇宙思想，特别是那些我们从叔本华的著作中所了解到的内容。

古往今来，宗教天才们的与众不同之处正是这种没有教条、没有人格化上帝的宗教思想；而不会有任何教堂以此为基础宣扬教义。因此，在各个时代的异端中我们可以找到具有这种最高宗教思想的人，在很多情况下，他们被同时代人看作无神论者，有时也被奉为圣人。从这个角度看，德谟克利特、圣方济各、斯宾诺莎这些人都是相似的。

如果宇宙宗教情感中没有明确的上帝概念，也没有神学理论，它是怎么在人与人之间传播开的呢？在我看来，艺术和科学的最重要作用就是唤醒这种感觉，并使之存活在感受到它的人心中。

我们由此可得出科学对宗教的关系，这与通常的概念并不相同。从历史上看，人们会因为显而易见的原因把科学和宗教看作是不可调和的对立面。完全相信普遍存在因果律的人，不能接受在事件过程被某种意志干扰，当然只有过于看重因果关系假设的人才会如此。他不需要基于恐惧的宗教，也不需要社会的或者道德的宗教。一个会施行奖惩的上帝是难以让他信服的，原因很简单，他相信人的行为都是由自身内部或者外部的需求决定的。因此在上帝眼中，人类不应为自己的行为遭受神的奖惩，就像是非生命体不应为自己的运动负责。科学也因此被指控破坏了道德，但这种指责是不公正的。一个人的道德行为应该是基于同情心、教育、社会关系和需求，而其中并不必然包含宗教。如果人靠对惩罚的恐惧以及对死后奖励的期待而活着，那实在是可怜。

因此可以很容易看明白为什么教会总是在对抗科学并迫害其信徒。另一方面，我认为宇宙宗教情感是科学研究最强大、最高尚的动机。只有那些在为科学理论奠基的先驱工作中付出了巨大努力和贡献的人才能强烈体会到这种情感，这种情感也只会在这种远离现实生活的工作中产生。这是对宇宙合理性的坚定信念，是对了解宇宙的强烈渴望之情，这不正是神灵在现实世界中的微小的显现吗？正是这种情感使得开普勒、牛顿能耐得住多年的寂寞，最终解开天体力学中的奥秘！那些对科学研究的认识主要源自实践结果的人，很容易产生一个完全错误的观念，他们被一个充满疑点的世界包围着，持有这种观念的人历经数个时代，遍布世界各地。只有那些为相似的目的献出自己生命的人才能生动地理解是什么激励了这些人，赋予了他们经历无数失败后依然坚持自己的初衷。正是宇宙宗教的情感给了人们这样的力量。当代有人说过，在我们这个物欲横流的年代，严肃的科研工作者是仅存的有深刻宗教信仰的人，对此我深以为然。

· · ·

我在漫长生命中学到的一件事就是：我们所有的科学与现实相比都是原始而幼稚的，同时它也是我们所拥有的最珍贵的东西。

· · ·

宇宙宗教体验是科学探索最强大、最高尚的动力。

· · ·

科学只是日常思想的洁净礼。

· · ·

经过进一步逻辑思考，以逻辑态度看，科学可以改善世界上的迷信程度。毫无疑问，除了最基本的科学工作，其他工作都是基于对这

▲ **一次日冕物质抛射的假想图**。抛射的粒子云团从太阳大气被抛出，撞上地球大气产生了绚丽的极光。

个世界合理性与可知性的坚定信念，类似于对宗教信仰的感觉。

· · ·

没有信仰的科学是浅薄的，不讲科学的宗教是盲目的。

· · ·

人类的宗教演化越进步，在我看来就越能肯定正统的宗教之路并不在于对生与死的恐惧以及盲目的信仰，而在于对理性知识的追求。

道德与价值观

我不相信相对论的思想基础与通常的科学知识不同，有着和宗教领域的独特关联。在我看来这种关联的事实是，客观世界中深切的相互关系是可以通过简单的逻辑概念理解的。可以确定的是，在相对论中，这点体现得非常充分。

通过体验这种深切相关的逻辑可理解性而得到的宗教情感，与通常所称的宗教是不同的。它在物质世界中表现得更像是一种敬畏的情感。它并不能指导我们一步步塑造起以我们自身为样板的神——一个会对我们提出要求，并对我们每个个体感兴趣的存在。这其中既不是一个愿望或一个目标，也不是一件必做之事，只是纯粹的存在。因此，我们这样的人在道德中看到的就是纯粹的人的问题，并且是人类最重要的问题。

· · ·

现在，我们在科学认知以及对其技术应用上所取得的成就是十分卓著的。谁会不为这些成就喝彩呢？但是，让我们不要忘记，知识和技能本身并不能给人类带来幸福和有尊严的生活。人类完全有理

◀ **围绕天蝎座α（大火星）的星云。天蝎座α是恒星世界的巨人，跟我们世界的巨人一样是非常稀有的品种。它短暂的一生主要在明亮蓝超巨星阶段度过，它质量巨大，使得它所蕴含的核燃料（主要是氢）很快就消耗殆尽。**

由把对高尚道德价值观的颂扬置于客观真理的发现者之上。对我而言，佛陀、摩西、耶稣的人格力量对人类的恩泽，超过了充满求知欲和建设性的大脑们所曾经取得的全部成就。

如果人类想不失尊严地维系生存并幸福地活着，那么对于这些圣人给予我们的高尚道德价值准则，我们就必须尽全力捍卫并使之长盛不衰。

· · ·

就一个世代、一段历史时期而言，其中代表人物的道德品质可能要比纯粹的智力成果具有更重要的意义。即便这些成果对于这些人物的地位而言，普遍具有更高的评价。

· · ·

原则上讲，对人类及人类生活贡献最多的人应该受到最多的爱戴。但如果被问及这些人是谁，人们却难以回答。在政治领域，甚至在宗教领域，对其领袖好坏的评价往往都是存疑的。因此，我很严肃地认为，他们对人们最好的服务是提供合适的工作，使人们能够间接地得到自我提升。这更适用于伟大的艺术家，但也在一定程度上适用于科学家。可以确定的是，提升一个人的水平、丰富其人格的不是科学研究成果，而是求知欲、才智工作、创造性或包容性的驱动力。例如，以智力成果评价犹太教法典《塔木德》的价值就是不合适的。

· · ·

人类最重要的努力是力争达成符合道德规范的行为。我们内心的平衡，甚至我们本身的存在都依赖于它。只有符合道德准则的行为才能带来美好有尊严的生活。

使这种观念成为一种有生力量并深入人心，也许才是教育的首

▲ **哈氏天体**。这是一种特殊的星系，中间黄色的部分是由年老恒星组成的星系核，外面环绕着由蓝色恒星和气体组成的近乎完美的环状结构，这种星系被称为哈氏天体（也称霍格天体）。图中整个星系直径约12万光年，只比我们所在的银河系大一点。

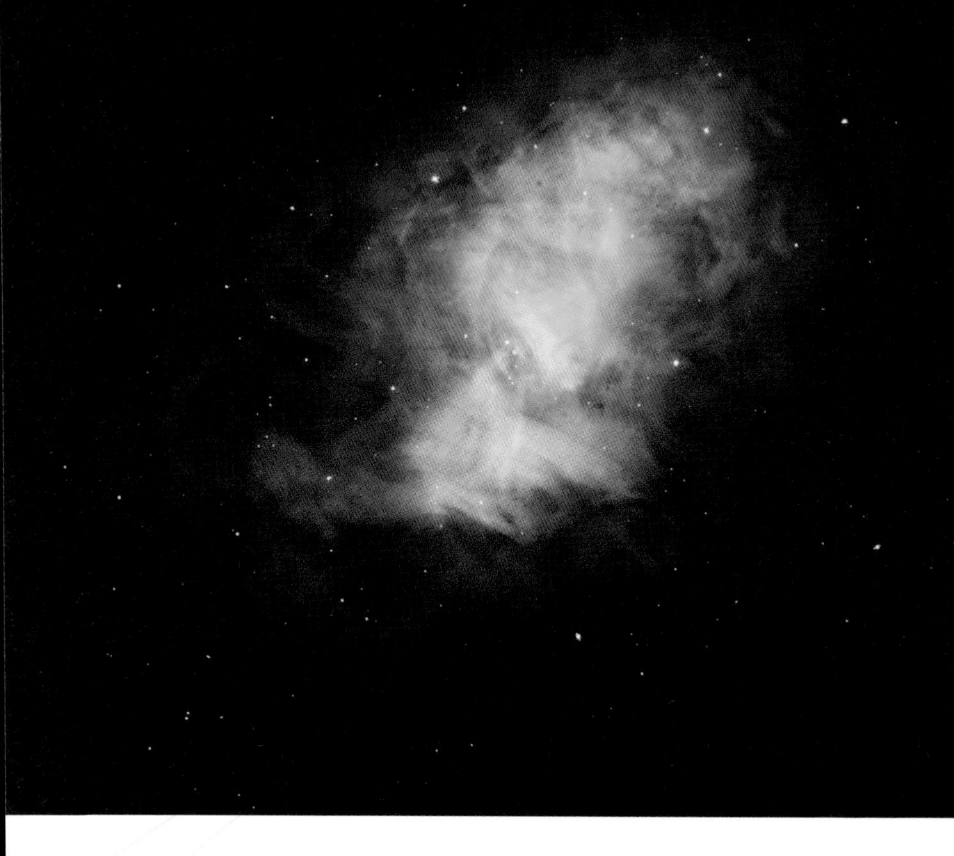

▲ X射线波段的仙后座A。1999年8月，NASA发布了这张仙后座A的X射线图片，图片展示了这个超新星遗迹中从未见过的X射线波段的细节。这张图片展示了恒星爆炸后残骸的清晰结构，同时揭示了处在其中心的神秘点源很有可能是一个高速自旋的中子星或者黑洞。

要任务。

道德准则的基础不应建立在神话传说或者任何权威之上，以免对神话或权威合法性的质疑危及人们行动和判断的基础。

· · ·

从一个简单的人的角度来看，道德准则并不仅仅意味着一种放弃生活乐趣的严厉约束，而是一种能让所有人更幸福的社交关系。

这个概念意味着一个大前提，即每个人都有机会发展他自身可能潜在的天赋。这样个人才能获得他应得的满足感，社会才能百花齐放。因为每样伟大而激励人心的成果都是由个体自由劳动创造的，只有在危及人类生存安全时才会有所管制。

伴随这个概念的，还有另一个问题，那就是我们不仅必须容忍个人之间与群体之间的差异，还要接受这种差异，把它看作我们存在形式的一种丰富。这是所有真正宽容的本质。没有这种最广义的宽容，就不可能有真正的道德。

· · ·

一个人的真正价值主要取决于他自我解放的意识和程度。

· · ·

我无法设想出一个会影响人类个体行为或者坐在那里对自己创造的生物进行审判的人格化的上帝。尽管因果报应已经在一定程度上受到现代科学的质疑，可我依然无法想象。

我笃信这个世界中至高无上的精灵，它会现身于以我们微弱的顿悟所能理解的现实中。道德是最重要的准则，但只是对我们而言，并不是对上帝的。

· · ·

永远不要做违背良心的事情，即使你的国家要求你这么做。

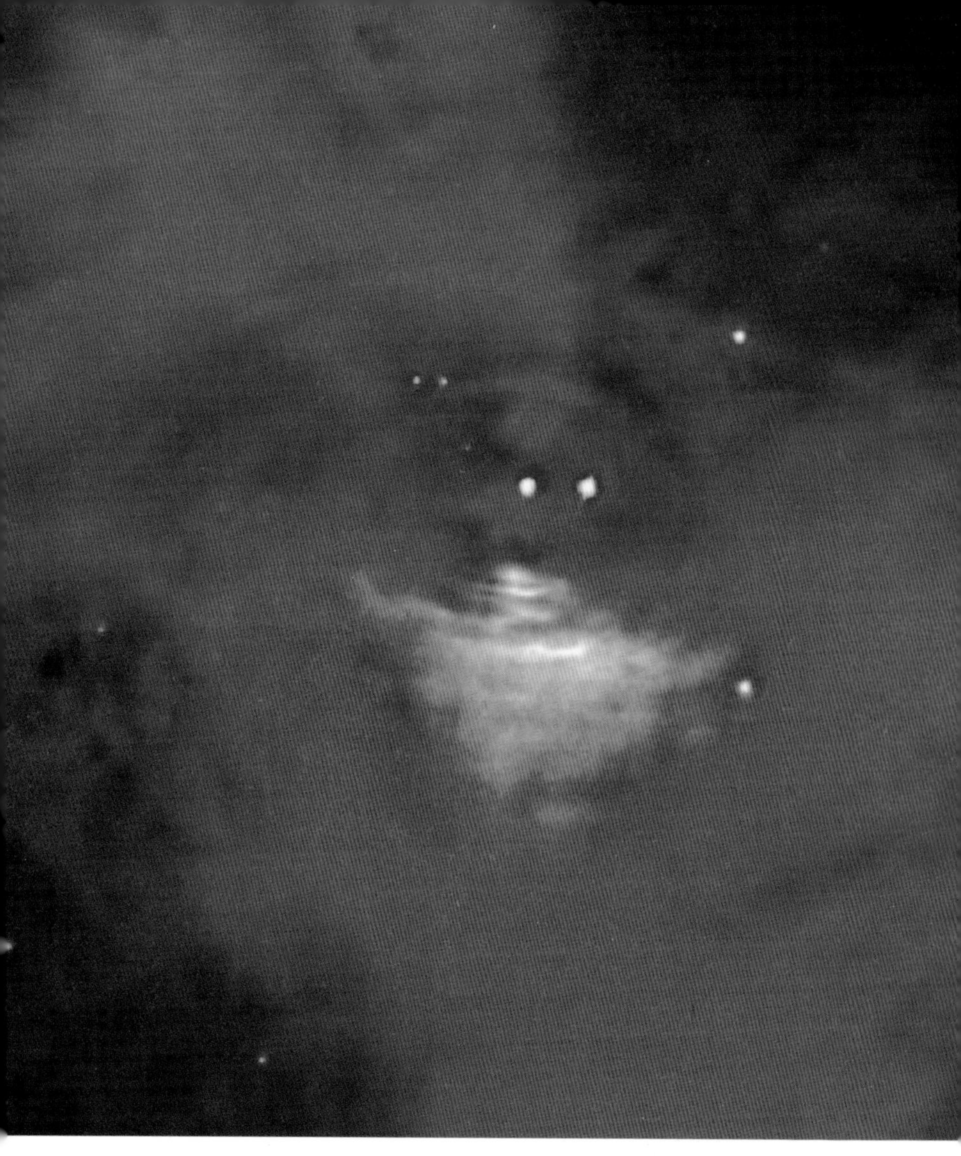

▲ 蟹状星云。这张令人毛骨悚然的照片展示的是接近蟹状星云中心的内部结构。蟹状星云脉冲星（接近图中心位置的一对恒星中的左边那颗星）是恒星爆炸后遗留下的塌缩核。这颗脉冲星是正在高速自转的中子星，它的直径只有10公里，但质量远远超过太阳。

道德衰落

所有的宗教、艺术和科学都是同一棵树上的分枝。所有这些愿望都直接指向高尚的人类生活，引导个体从单纯的物理存在走向自由。我们古老的大学从教会学院中发展出来不是一种偶然。认真履行自身功能的教堂和大学都是为了使人更高尚。它们试图通过传播道德和文化理念来达成这项伟大的任务，而不是诉诸暴力。

在19世纪，宗教与世俗机构分道扬镳，走向无意义的敌对。但是对文化的追求从未遭到质疑。没有人怀疑这一目标的神圣性，只是在采用的方法上存在分歧。

过去几十年政治和经济的冲突及其复杂性给我们眼下带来了危机，这是上个世纪最悲观的人做梦也不会想到的。《圣经》中关于人类行为的禁令被信徒和异教徒一起接受了，因为显而易见那是个体与社会共同的要求。没有人严肃地把对客观真相和知识的追求作为人类最高的、永恒的目标。

然而今天，我们必须意识到人类文明所依存的支柱已经不再坚定。各国相继在暴君面前低下了头，暴君们敢公然宣称：权力是为我们服务的！对真理的追求是没有理由的，是不能妥协的。对个人、信仰以及团体的专制、压迫和迫害在那些国家被公开施行，并被认为是合理的或者不可避免的。

而且世界上的其他国家已经慢慢习惯了这些道德衰退的症状。人类缺失了对抗不公、维护正义的基本反应，这种反应是长久以来防止人类退化为野蛮人的唯一手段。我坚定地相信，对正义和真理的热切愿望比钩心斗角的政治斗争能更好地改善人类的生存条件，长远看来，后者只会带来广泛的猜忌。谁会怀疑摩西是比马基雅维利更好的人类领袖呢？

大战期间，有人试图说服一名伟大的荷兰科学家，人类历史正走上正确的道路。"我无法反驳你观点的正确性，"他回答道，"但是我知道我不想活在这样的世界里。"

让我们像这个人一样思考、体会并行动，拒绝接受命运的妥协。让我们在为了维护人类的尊严和权利而不可避免地发生斗争时不去逃避。如果我们这么做了，那么不久我们就能重新回到全人类的欢庆时代。

· · ·

愤怒只会驻扎在傻瓜的心中。

· · ·

伟大的精神总会遭到平庸意识的暴力对抗。

· · ·

我认为战争掩饰下的杀戮也只是谋杀，除此之外没有任何意义。

▶ **女巫头星云。**女巫头星云看上去就像一个正兴奋地发出邪恶笑声的女巫，实际上它是一片古老的超新星爆发遗迹，它位于波江座天区，距离我们1000光年。女巫头星云的气体是被来自相邻的猎户座星云中的超巨星参宿七的星光照亮的。

▲ 气泡星云NGC7635。这是我们银河系中的高温大质量恒星周围环绕的正在膨胀的气体壳层。这个壳层是由来自图片左侧亮星的强烈星风塑造的（星风是来自大质量恒星的物质和辐射流），这颗亮星的质量比我们的太阳要大10到20倍。这个星云有10光年大小，是我们地球到比邻星的距离的两倍多。图中只能看到整个“气泡”的一部分。

基督教和犹太教

我们的志向和评价的最高原则是由犹太教和基督教的传统给出的。那是一种非常高的标准，以我们羸弱的力量似难以胜任，但它却给我们的志向和评价提供了可靠的基础。如果人们把这种标准从它的宗教形式里剥离，只看它人性化的一面，那么也许可以做出如下理解：独立个体自由而负责的发展使得他会把自己的力量自由愉快地用于为全人类服务。

这里没有民族、阶级的神圣性，更不用说个人的神化。如宗教语言所描述的，我们都是同一个父亲的孩子，不是吗？事实上，即便是作为抽象整体的人类的神圣性，也无法体现出这种理想的精神。灵魂只被赋予人类的个体。而个人的最高使命应是服务而非控制，或以任何其他方式强迫自己。

· · ·

如果一个人在先知们宣扬的犹太教以及耶稣本人宣扬的基督教中，把后人尤其是那些牧师们添油加醋的东西统统去掉，他获得的教义足以治愈所有人类社会中的弊病。

每个人都有责任在自己的小世界里尽力使这种关于纯粹的人性的教诲具有活力。如果一个人在这个方向上做出诚恳的尝试，而不被他同时代的人唾弃，那么他与他所属的社会都是幸运的。

· · ·

如果现今的宗教信徒们能试着认真地去思考并遵循他们宗教创始人的精神，那么不同宗教的追随者之间就不会存在教义基础的敌对。宗教领域的冲突也会变得微不足道。

· · ·

对我来说宗教的本质就是能进入别人的皮囊之下，去体会他的喜怒哀乐。

▶ 沃尔夫-拉叶双星和星云。两颗年轻的恒星点亮了图中色彩斑斓的星际气体。这些天体在大麦哲伦云（英文缩写为LMC）中，大麦哲伦云是我们银河系最大的卫星星系。图片中心的双星系统中，有一颗是神秘的沃尔夫-拉叶星，另一颗是大质量O型星。沃尔夫-拉叶星拥有整个宇宙中几乎最热的恒星表面。

▲ 锥状星云。在恒星诞生地中充满了锥状、柱状和壮观的流动状结构，它们是气体和尘埃云受到其中诞生的恒星高能星风冲击产生的。图示是银河系内的恒星形成区NGC2264中的锥状星云特写。锥状星云外的那层红色面纱是发光的气体氢。

上帝

关于上帝，我不能接受任何基于教会权威的概念。从记事起，我就对大量洗脑深恶痛绝。我不相信对生死的畏惧，也不相信盲从的信仰。我不能证明没有人格上帝的存在，但是如果我提到他，那就是在撒谎。我不相信神学里惩恶扬善的上帝。我的上帝会通过律法来治理一切。他的世界不是被一厢情愿统治，而是由不朽的律法管理。

· · ·

无论宇宙间存在上帝还是美德，都会努力通过我们表达出来。我们不会不理不顾任上帝去做。

· · ·

在上帝面前，我们一样的明智，也同样的愚蠢。

· · ·

我看到图案，但我想象不出画图的人。我看到钟表，但我想象不到制作钟表的人。人类的思想无法构筑四维空间。这样又怎能去参透上帝呢，要知道在上帝面前一千年的时间和一千个维度都只是一。

· · ·

我信奉斯宾诺莎的上帝，那是一个会在众人间和谐显露神迹的上帝，而不是一个总担心人们的行为和命运的上帝。

· · ·

我真正感兴趣的是上帝会不会以不一样方式创造这个世界；也就是说，逻辑简单性的要求下是否能保留自由度？

· · ·

上帝是狡猾的，但他并无恶意。

· · ·

我想知道上帝是如何创造这个世界的。我对这样还是那样的现象、这种元素还是那种元素的光谱都不感兴趣。我只想了解他的思想，其他的都只是细枝末节。

▲　草帽星系（104号梅西耶天体，简称M104）。它是宇宙中最富丽堂皇、最上镜的星系之一。这个星系被旋臂上厚厚的尘埃带包围着，它最具特色的是其中明亮的白色球根状核。它之所以被叫作“草帽”是因为它看上去和宽边高顶的墨西哥草帽十分相像。草帽星系在室女星系团的南部边缘，是该星系团质量最大的星系之一，相当于8000亿个太阳的质量。

祷告

科学研究建立在所有现象都遵循自然界定律的基础上，这也适用于人的行为。正因为如此，做研究的科学家们难以相信事情会受到祈祷，即对超自然存在许愿这类事情的影响。

不过，必须承认我们关于自然界基础定律的知识仍是支离破碎的。实际上，对存在自然界普适基础定律的信仰还停留在信念中。迄今为止的科研成果证明坚持这种信念是有道理的。

但是另一方面，每个探求科学真理的人都会日渐相信宇宙法则中体现的一种精神——一种远远超越人类灵魂的精神，以我们渺小的能力与它直面只会感到卑微。如此，对科学的探求会导致一种特殊的宗教情绪，而与以往朴素的宗教情感大相径庭。

◀ **NGC602/N90。像小麦哲伦云这样的矮星系和我们银河系相比，其恒星数量要少很多，通常认为它们是搭建大星系所需的基本单元。星团NGC602位于图中恒星形成区的中心。星云外部结构的内边缘是被来自高温年轻恒星的高能辐射塑造的，这些辐射流逐渐向外侵蚀并吞噬物质。**

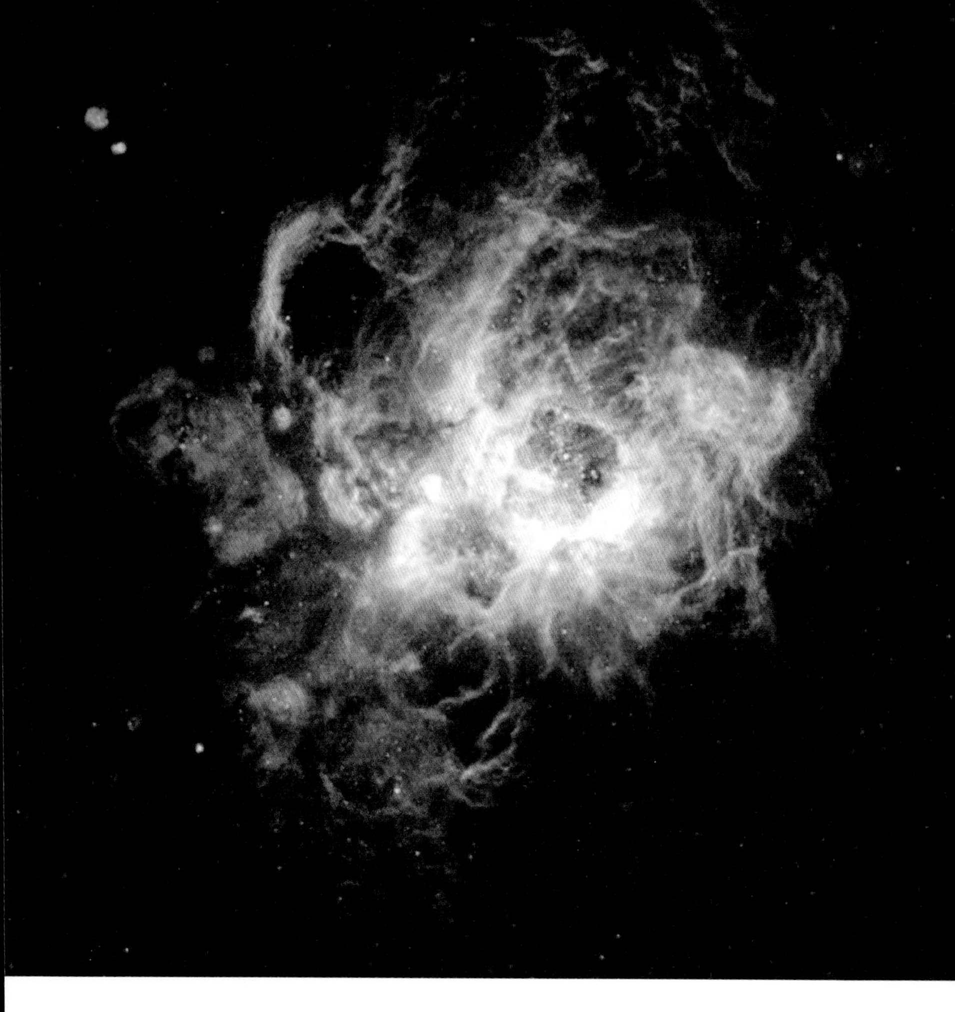

▲ NGC604 是我们银河系的邻居——旋涡星系M33中的巨大星云，距离我们270万光年，位于三角座天区。新生恒星正在星系旋臂上诞生。NGC604的中心有超过200颗高温的恒星，这些恒星的质量远大于太阳（约15到60个太阳质量）。这些恒星的星光如洞穴中的灯笼一样照出了星云内部的三维结构。

神秘主义

我们这个时代的神秘化趋势主要体现为有神论和唯心论的疯狂增长,对我来说这不过是一种软弱而混乱的症状。

既然我们的内心体验来自感官印象的再现和组合，对我来说一个没有身体的灵魂就意味着虚无缥缈。

· · ·

灵魂和肉体不是两种不同的事物，而是同一事物的不同表现方式。类似地，物理学和心理学也只是通过系统化思考把我们的经验联系到一起的两种不同尝试。

· · ·

我不相信人类个体的永生。我认为伦理只是人与人之间的关系，其背后没有超越人类的权威。

· · ·

我从来没有将意愿、目标或任何可做拟人化理解的东西归加于大自然。

在大自然中，我看到的是一个宏伟的机构。我们只能不完全地理解它，这也让一个有思想的人深感“谦卑”。这是一种真诚的宗教情感，与神秘主义丝毫无关。

最初的和平是最重要的，它来自人们灵魂之内。当人们意识到彼此之间的关联，意识到人与宇宙及其中所有能量的统一性，意识到在宇宙之中居住的神灵并且神灵的居所无处不在时，就产生了这种原初的和平，它在我们每个人心中。

——黑麋鹿（1863–1950）

第三章

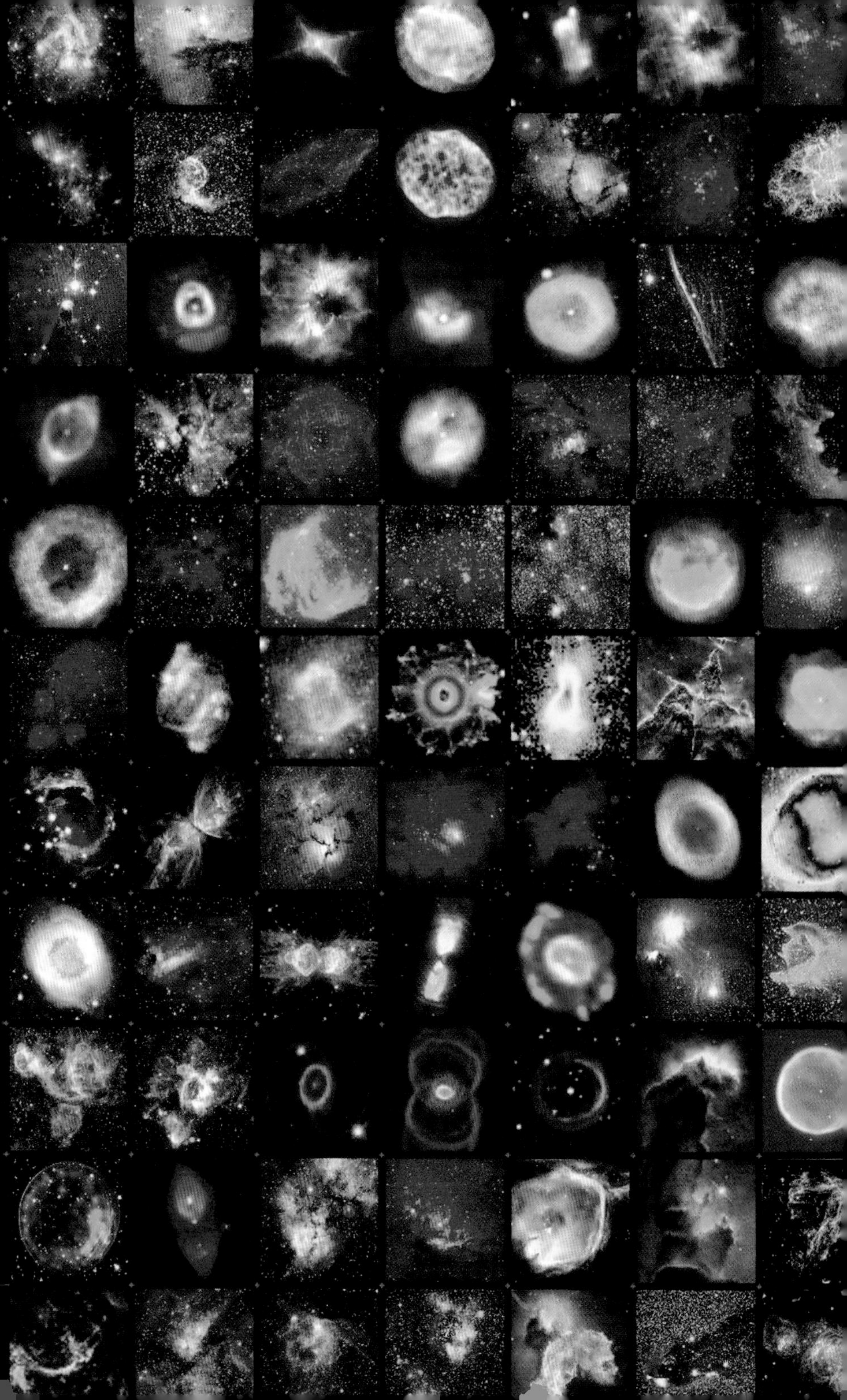

个体

我相信人与人之间兄弟般的情义和个体的独特性。但如果你要我来证明我所信的，我却做不到。有些事情你知道它是对的，但是如果想证明它就要穷尽一生。人的思想只能推进到目前已知可证的程度。到了某一阶段，人的思想可以获得更高层次的知识，却无法证明是如何得到的。所有伟大的发现都会经历这样的跳跃。

· · ·

灵魂只会被赋予个体。

· · ·

每样真正伟大和鼓舞人心的东西都是由自由劳动的个体创造出来的。

· · ·

只有足够宽松以使个体能力能够自由发展的人类社会才会孕育出有价值的成就。

◀ **行星状星云合辑**。

道德与情感

通过自己的体会，我们都知道我们有意识的行动都源于自身的欲望和恐惧。直觉告诉我们，我们的同类和其他高等动物也是这样的。我们都试图逃避痛苦和死亡，而去追求幸福。我们被自己冲动的行为支配着，而在这些冲动支配下的行动普遍是为了保护我们自己和种族而服务的。饥饿、爱情、痛苦、恐惧，正是以上这些内在力量支配了个体自我保护的本能。同时，作为社会人，我们与其他人之间的关系受到同情、骄傲、憎恨、权力、怜悯等这些情感的影响。这些难以用言语描述的原始冲动是人类行动的源泉。如果这些强大的本能的力量不再激发我们的内心，那么这些行为都将终止。

虽然我们的行为与其他高等动物有很大不同，但原始的本能都很相似。最显著的区别源自人类最重要的特点：具有相对强大的想象力以及思考的能力，并且人能运用语言和其他抽象工具。思想是人类的组织要素，它交织在动因原始本能和由此产生的行为之间。其中，

◀ **涡状星系M51。不论在业余天文爱好还是专业天文研究中，M51都是最上镜星系之一。各个大型地面望远镜和空间望远镜都被用来对这个天造尤物进行过观测，获有大量不同波段的观测资料。伴星系的引力作用触发了主星系中的恒星形成，在图中可以看到大量亮点，它们都是年轻大质量恒星组成的明亮星团。**

想象力和智慧服务于原始本能。但是它们的介入使我们的活动越来越少，仅仅满足本能的要求。通过它们，原始本能将思想转化为行动，并且思想激发了与最终目标相关的情感所引起的媒介活动。通过不断重复，意识和信念习得一种强大有效的力量，即使这一过程结束，这种力量也不会被遗忘。异常情况下，这种强烈的虚拟情感依附的对象不再具有以往真实有效的意义，我们称之为盲目崇拜。

上述我所表明的过程，在平凡的生活中也扮演着非常重要的角色。的确，毫无疑问的是，这种过程——可描述为情感和思想的精神化——是人类拥有的最微妙和最精致的乐趣，人能够从艺术创作和逻辑思维的艺术之美中得到的乐趣。

据我所知，有种想法处于所有道德学说的开端。如果作为个体的人屈服于他们原始本能的召唤，即只为自己躲避痛苦、寻求满足，那么他们得到的必然是一个不安全的状态，充斥着恐惧和各种苦难。如果除此之外，他们还从个人主义的立足点，即自私的立足点出发来运用他们的智慧，把他们的生命建立在一个快乐、独立存在的幻想之上，情况将会更糟。与其他原始本能和冲动相比，爱情、同情、友谊这些感情太虚弱无力，它们不足以引

▶ IC2944中的谢克瑞云球。闪耀着奇异光芒的暗云平静地飘在这张异常美丽的图片中，这张照片是哈勃空间望远镜拍摄到的。这些致密的不透明尘埃云团（被称作“云球”）的轮廓在附近亮星的照耀下显现出来，它们处于繁忙的恒星形成区IC2944中。天文学家对云球的起源和本质还知之甚少，只知道它们通常与被称为HII区（氢二区）的恒星形成区成协，这些区域都有气体氢存在。这些恒星比太阳温度高得多，质量也大得多。

导人类社会进入一种可以容忍的状态。

发散地思考一下，这个问题的解决方案很简单，它似乎与过去智者们相同调子的教诲相呼应：所有人都应该让自己的行为始终遵循相同的指导原则；这些原则应该能够让遵循它的人获得极大的安全感和满足感，并尽可能减少其痛苦。

当然，这种笼统的要求太过含糊，我们应该有信心能够从中提取出具体规则来指导个人的行为。事实上，这些特定的规则将随着环境的变化而改变。如果这是挡在那个强烈概念前的主要困难，那么人类千年来的命运会比实际上的古今状况还要幸福。人们不会去相互杀害，相互折磨，也不会凭借武力和诡计去利用他人。

真正的困难是困扰着各个时代智者们的难题，它是这样的：如何使我们的教诲在人们的感情生活中产生巨大影响，使其能承受个体精神力量的压力？我们当然无法得知历史上的圣贤们是否问过他们自己相同的问题；但是我们知道他们都曾尝试去解决这样的问题。

早在人类思想成熟即在面对这种普适的道德态度之前，出于对生命危险的惧怕，人们想象着是人一样的存在，而不是其他物理实体，在释放那些令人们畏惧或者受人们欢迎的自然之力。人们信奉那些无处不在地支配着自己想象力的神，它们是精神层面人类自己的形象，并且被赋予了超人的力量。这些都是上帝观念的雏形。从充斥在人类日常生活的恐惧中首先发源出来的就是对这些神以及他们非凡力量的信仰，它对人类和人类行为产生的强烈影响是我们难以想象的。因此，那些建立了包括“人人生而平等”之类道德观念的人把它和宗教信仰紧密联系在一起就不奇怪了。而实际上，那些道德宣言对所有人都是平等的，这大概和人类宗教文化从多神论向一神论发展有着莫大关系。

普适的道德观念的心理起源是与宗教信仰联系在一起的。然而从另一个意义上讲，这种紧密联系对道德观念是致命的。一神论宗教在不同民族之中有着不同的形式。虽然那些不同点根本不重要，但是不同教徒们把这些看得比共有的本质更重要。由此宗教经常会引发人们的敌意和冲突，而非把人们团结到共同的道德观念下。

然后是自然科学的发展，对人的思想和现实生活产生了重大影响，现在更进一步削弱了人们的宗教情感。尽管不一定和宗教领域有冲突，但这种思维模式的偶然性和客观性没有给大部分人留出加深宗教情感的空间。同时随之而来，由于传统上宗教与道德的紧密关联，在过去的上百年里道德思想和情感也被削弱了。我认为，这是我们这个时代政治野蛮化的主要原因。在此之上，新技术手段带来恐怖的效率，使得这种野蛮化已经形成对文明世界的可怕威胁。

无须多言，值得高兴的是宗教在为实现道德准则而努力。然而道德准则并不只是关乎教会，而且是全人类最宝贵的传统财产。请从这个立足点看看出版界或者学院间的竞争方式！一切都被对成功和效率的狂热追求支配，而不是事物的价值和人类社会道德端相关的价值。在此之上还要加上残酷的经济斗争带来的道德沦丧。宗教领域之外对道德观念的有意识的培养，有助于引导人们把社会问题看作为走向更好的生活而努力的机会。简单地说，道德准则并不仅仅意味着一种放弃生活乐趣的严厉约束，而是一种能让所有人更幸福的社交关系。

这个概念意味着一个至高无上的要求——每个人都必须有机会发展其可能有的天赋。只有这样，个人才能得到本应属于他的满足感；也只有这样，社会才能最大限度地繁荣。因为一切真正伟大和激动人心的东西都是由可以自由劳动的个人创造的。只有在生存安全的需求下，限制才被认为是合理的。

这个概念还可以引出如下结论——我们不仅应该容忍个人之间和群体之间的差异，而且我们还确实应该欢迎这些差异，把它们看成是对我们存在的丰富。这是所有真正宽容的要义；没有这种最广义的宽容，就谈不上真正的道德问题。

按照上面简略指出的这种意义，道德并不是一个固定的、僵化的体系。它不过是一个立足点，从这个立足点出发，生活中出现的所有问题都可以得到也应该受到审度。它是一项从未完成的任务，它无时不在指导着我们的判断，激励着我们的行为。你能想象一个时刻考虑以下问题的人是什么样的吗？

他收到的来自他人回报的物品和服务是否远多于大多数其他人？

他的国家是否会因为军事层面处于安全状态，而逐渐远离建立超国家的安全和司法系统的理想？

当世界上其他地方无辜的人们受到迫害、被剥夺权利甚至惨遭屠杀的时候，他是否会冷眼旁观？

提出这些问题本身就是对这些问题的回答！

▶ CFHT（加拿大-法国-夏威夷望远镜）拍摄到的猎户座大星云。

关于财富

我坚定地认为这个世界上的财富对于推动人类进步并无帮助，即便这些财富可能会分配给最专注的工匠。只有伟大纯真的个体榜样才能引导我们追求高尚的思想和行动。而金钱只能让人趋于自私自利且无法抵抗利益的诱惑。

谁能想象被卡耐基的钱袋子保护的摩西、耶稣或者甘地呢？

· · ·

不是所有有价值的东西都能被计算，同样不是所有能被计算的东西都有价值。

◀ **蝘蜓座I恒星复合体，NGC3195。在蝘蜓座天区有一群很上镜的星云，在南半球的天空中清晰可见。由暗分子云团和明亮的行星状星云组成的NGC3195在蝘蜓座天区可以轻易找到。图中右下角的暗分子云团阻挡了其后的星光。这些天体发出的光要经过数百年才能到达我们的地球。**

我无法轻易地在迷茫、苦难和死亡的基石上打造自己的希望……我认为……和平与安宁还会回到我身边。

——安妮·弗兰克

第四章

▲ 1971年3月6日星期天下午3:59在法属波利尼西亚的穆鲁罗瓦环礁发生的一次核爆炸。从1945年到1998 年，全世界进行了超过2000次核试验。现在核武器的储备相当于广岛原子弹的20万倍。

大规模毁灭性威胁

如果将人类社会缩小成一个共同命运的社区，每个人都知道它正处在一个困难而险恶的形势中，但只有少数人会采取相应的行动。大多数人会继续他们日常的生活：在恐惧与冷漠之中，耳闻目睹着全世界在国际舞台上上演的那幽灵般的悲喜剧，仿佛置身事外。但在那个舞台之上，聚光灯下的演员们各司其职，我们未来的命运，国家的生死都正在被决定。

如果威胁全人类的不是原子弹这种人类自己制造的大规模杀伤性武器，那么事情将截然不同。如果换作是鼠疫威胁着整个世界，那种情况下，认真负责的专家学者们会聚到一起共同制定出抗击瘟疫的明智计划。当意见达成一致后，他们会把计划提交给各国政府。政府不会对其提出严重的反对意见，反而会很快同意实施。他们当然不会采取任其他国家毁灭而使自己国家幸存的方式来解决这个问题。

但我们的情况与传染病的威胁是可以相比的吗？人们无法正视我们的情况，因为他们的眼睛被激情所蒙蔽。普遍的恐惧和焦虑制造了仇恨和攻击。对尚武的目标和活动的适应已经腐蚀了人们的心智；这也导致了理智、客观、人文的思维方式几乎无法起效，甚至会被怀疑或者被指责为不爱国的表现。

毫无疑问，在敌对阵营里也会有具有判断力和正义感的人，他们有能力并且渴望通过合作来解决实际中的困难。但是这些人的努力在现实中会受到阻碍，他们一起进行非正式讨论的计划难以实现。我想那些习惯于用客观方法解决问题的人们，也不会因夸大的民族主义或其他激情而困惑。这使得人们分为两个阵营，我认为在国际安全问题中，这是令解决燃眉之急的方法无法实行的主要障碍之一。

只要双方阵营的接触被限制在官方谈判中，那么我认为达成理性共识的可能性是微乎其微的。尤其是出于对国家尊严的考量，以及从民众利益框架内出发的企图，都导致难以取得合理的进展。一方的官方建议会因此受到对方质疑，甚至难以被接受。而且，官方谈判背后隐藏的是来自强权的威胁。只有在充分准备的基础上，官方的方法才可以导向成功。首先，要有一个信念，令双方满意的解决方案是可以达成的；然后实际的谈判要取得成功，就得有一个公平的承诺。

我们科学家相信，在未来的几年里，我们和同伴们所做的事情成败与否将决定我们文明的命运。并且我们把坚持不懈地向人们解释真相当作一项任务，希望人们能意识到现在正处于存亡之秋，想要成功就不能姑息纵容，而要让持有不同观点的人们和国家互相理解、达成共识。

· · ·

和平不能用武力维持，只能通过相互理解来达成。

· · ·

我不知道第三次世界大战要怎么打，但是我知道第四次世界大战时我们只能拿石头当武器。

· · ·

这不是一出喜剧，而是这个时代的最大悲剧，尽管其间不乏插科打诨的小丑。我们应该站上屋顶……谴责这个悲剧!

· · ·

如果人们想要和平……就得要求工人们拒绝生产和运输军事武器，并且人们要拒绝参军。各国政府可以继续谈论世界末日。

· · ·

原子弹能量的释放改变了除我们思维模式外的一切，我们将因此造成空前的灾难。

· · ·

如果我早知道这一切，我就应该去做一个钟表匠。

· · ·

解决这个问题的方法就在人类心中。

· · ·

我们必须通过和平主义精神的教育让我们的后代免于军国主义的迫害……我们的教科书颂扬战争的荣誉而隐瞒它的恐怖。它们给孩子们灌输仇恨。我愿教导他们和平而不是战争，教导他们去爱而不是去恨。

· · ·

考虑到人类自身的安危，必须保证人类始终是技术进步的受益者，这样我们的科学思想对人类才是祝福而不是诅咒。当你扎进图表公式里工作时，请牢记这一点。

· · ·

理论上没有任何权威的决策和纲领能保证正确。科学家们通过自己独立而自由的思想和工作来启蒙并丰富人们生活的时代已经一去不返了吗? 科学家是不是已经忘记了他们的责任和尊严?

▲ 大提顿山上的星空：银河、木星、大角星和北斗七星。

世界和平

如果我们有勇气去决定自己的和平，那么我们将享有和平。这并不是儿戏，而是极度攸关生死存亡的问题。如果你不能坚定地选择以和平的方式处理问题，那么你的问题永远也无法得到和平解决。

· · ·

我认为，人类正在走向一个新的时代，和平条约将不仅局限于纸面，更将根植于每个人心中。

◀ 地球。1972年12月7日在从佛罗里达的肯尼迪航空中心发射几个小时后，阿波罗17号机组人员发现他们正处在日地之间，能够拍到完整的地球半球图。整个非洲大陆、大部分冰封的南极大陆和小部分欧亚大陆都在图中清晰可见。

科学与宗教

在20世纪以及19世纪的部分时间里，人们广泛认为科学知识和宗教信仰之间存在着不可调和的矛盾。在一些进步思想家们中间流行这样的观点，认为信仰应该越来越多地被知识取代的时代已经来到；没有知识作为依托的信仰就是迷信，必须加以反对。根据这个观点，教育的唯一功能就是打开通向思考和认知的道路，而学校作为人们进行教育的机构，必须完全为这一目标服务。

人们很难认识到以这种粗陋的方式表述的理性观点；因为任何一个理智的人都会立即发现这个观点的陈述是那么片面。但是如果一个人想理清思路、抓住观点的实质，这种直截了当的表述也是可以接受的。

的确，信念最好能得到经验和清晰思维的支持。在这一点上，人们必须毫无保留地同意极端理性主义者。然而，这一观点的弱点在于，那些对于我们的行为和判断力十分必要且起着决定作用的信念，

◀ ESO 510−G13。与一般星系不同，它是个有着扭曲的盘结构的星系。在万有引力作用下星系的结构被扭曲，其中的恒星、气体和尘埃并合在一起，整个过程要经历数百万年。

并不能单纯地通过这种僵硬的科学方法来寻找。

因为科学方法所能教给我们的只是事实如何相互关联又相互制约。获得客观知识是人类所能拥有的最高理想，你们一定不要认为我想贬低人类在这个领域英勇努力所取得的成果。同样，关于“是什么”的知识并不直接打开通向关于“应该是什么”的大门。人们可以对“是什么”有最清楚、最完整的知识，可还是不能从中推论出我们人类理想的“目标”应该是什么。客观知识为我们实现某些目标提供了强有力的工具，但是终极目标本身以及实现它的迫切愿望必须来自其他源泉。只有确立这样的目标及相应的价值，我们的存在和行为才能实现其意义，对此观点，几乎不必论证。这类真理的知识本身是伟大的，但它作为行动指导的能力实在是太弱，它甚至无法证明对真理知识本身的渴望的正当性和价值。因此在这里，我们面对着关于我们的存在的纯粹理性观念的限制。

但是绝不可设想理智思维在形成该目标和伦理判断方面毫无作用。当某人意识到某种方法对实现一个目的有用时，这方法本身就会成为一个目的。理智使我们明白方法和目的之间的相互关系。但仅靠思考并不能让我们弄清楚最终的和根本的目的。对我来说，辨识这些根本目的和评价，并使它们在个人感情生活中牢固地确立起来，似乎正是宗教在人类社会生活中应该行使的最重要的作用。如果有人问，既然这些根本目的不能仅仅通过理性来陈述并被证明是合理的，那么，它们的权威又从何而来？答案只能是，它们在健全的社会中作为强有力的传统存在，这些传统会影响个人的行为、理想和判断，它们活生生地存在着，其存在的合理性不言自明。它们的成立并

▲ **蝌蚪星系**。在这张图中，蝌蚪星系拖着它长长的尾巴，那是由恒星和气体构成的。这条“尾巴”是图中可见的那个大漩涡星系与一个小星系碰撞后留下的。

▲ **NGC5866** 是一个"S0"型的盘星系。如果从它的正面看，它应该是一个光滑平整、旋臂结构不明显的盘星系。而实际上在我们视线方向上看到的是它的侧向。它的直径大约60,000光年（约18,400秒差距），只是我们银河系直径的三分之二，但是它的质量和银河系相近。

不是通过证明，而是通过启示，通过有影响力的伟大人格的作用而得到。人们不应该试图证明其正当性，而应该单纯而明确地感受其本质。

我们的理想和判断的最高准则是由犹太-基督教的宗教传统给予的。这是一个很高的目标，以我们的微薄之力，远不足以完全实现这个目标，但它给我们的理想和价值观提供了坚实的基础。如果人们要把该目标从其宗教形式中提取出来，并仅仅从纯粹的人的方面看待它，就可以对它做如此表述：个人自由而负责地发展，从而可以在服务全人类的过程中自由而快乐地行使自己的能力。

这里没有给民族神圣化、阶级神圣化留有任何余地，更不要说个人的神圣化了。难道不是如宗教语言所说，我们都是同一个父亲的孩子？确实，甚至连作为一个抽象整体的人的神圣化，都不合乎该理想的精神。灵魂只被给予个人。个人的最高命运是服务，而不是统治，也不是以其他形式把自己的意愿强加给他人。

如果有人把这些崇高的原则清楚地摆在眼前，并将其与我们时代的生活和精神相比较，就会明显发现：文明社会的人类意识到自己现在正处于严峻的危险之中。在极权国家中，通过实际行动极力摧毁人文精神的正是统治者本身。与之相比威胁较轻的部分，是民族主义、排斥异己以及运用经济手段制裁个体，它们会扼杀那些最宝贵的传统。

然而，越来越多有思想的人已经意识到了危险有多严重，同时也在努力寻找解决这种危险的对策——总的来说是在国内国际政策、立法和组织等领域采取措施。毫无疑问，这些努力是极有必要的。古人知道一些我们似乎已经遗忘的东西。如果没有活生生的精神作依托，所有的方法都只不过是迟钝的工具。但是如果实现这一目标的愿望强烈地存于我们的内心之中，我们将不遗余力地找到实现目标的方法并付诸行动。

· · ·

要人们就何为科学达成共识并不困难。科学就是一种长达百年的努力，通过系统的思想把这个世界中可以感知的现象尽可能完整地联系起来。说得大胆点，科学是一种通过使其概念化的方法对客观存在进行后验重建的尝试。但当问我自己宗教是什么时，我就不能如此轻易地回答了。即使当我能找到让我此刻满意的答案，我仍然坚信，在任何条件下，我都绝不可能把所有那些曾对这个问题进行过严肃思考的人们的意见统一起来，哪怕在很小的范围内。

那么，我先不问宗教是什么，而问用什么特征可以刻画一个我认为笃信宗教的人的理想：在我看来，一个受到宗教启发的人已经在最大限度内把他自己从自私欲望的桎梏中解放出来，而全神贯注于那些因超越个人价值而使其为之坚持的思想、感情和理想之中。我认为重要的在于这种超越个人的内容的力量，以及对它超越一切的深远意义的信念的深度，而不在于是否曾试图把这些内容与一个神圣的存在联系在一起。否则，就不可能把释迦牟尼和斯宾诺莎算作宗教人物了。与此相应，一个宗教信徒只要不怀疑那些既不需要也不可能拥有理性基础的超越个人的内容和目标的重要性与崇高性，就算虔诚了。它们的存在就跟他自己的存在一样是必然的，真实的。在这个意义上宗教是人类长久的努力，它要使人们清楚、完整地认识这些价值和目标，并且经常强化它们，扩大其影响。如果人们根据这些定义来认识宗教和科学，那么这两者之间的冲突就不可能发生了。因为科学只能断定是什么，而不能断定应该是什么，各种各样的价值判断在其领域之外仍然是必然的。另一方面，宗教只涉及对人的思想和行为的评价：它不能正确地揭示事实和事实间的联系。根据这一诠释，过去在科学和宗教之间广为人知的冲突都应归罪于对上述情形的误解。

例如，当宗教团体坚持认为《圣经》中所有论述都绝对正确时，冲突就产生了。这意味着宗教对科学领域的干预，教会与伽利略和达尔文的学说之间的斗争就属于此列。另一方面，科学的代表人物经常试图在科学方法的基础上就价值观和目标做出根本性的判断，从而使他们自己与宗教对立。这些矛盾都源于重大的错误。

那么，尽管宗教和科学各自的领域泾渭分明，这两者之间仍然存在密切的相互联系和强烈的相互依赖关系。虽然宗教可以决定目标，但是，在最广泛的意义上，它已从科学那里学到用何种方法来促成它所建立的目标实现。但是科学只能由那些满怀追求真理和知识热情的人创造出来。而这种感情又源于宗教领域。同样属于这个来源的是如下信念：相信那些在现存世界中有效的定律是理性的，即能用理性来理解的。我不能想象哪个真正的科学家会没有这种信念。可以用一个比喻来描述这一情形：科学没有宗教，就是瘸子；而宗教没有科学，则是瞎子。

尽管我已在上文中坚持认为宗教与科学之间不可能存在实际上的冲突，不过在历史上宗教的实际内容方面，我必须再次就一个基本观点对这一断言加以限制。该限制是关于“上帝”这一概念的。在人类精神演化的早期，人们在幻想中根据自己的形象创造出了神，这些神被认为能够通过其意愿决定、至少影响现象世界。人类试图通过巫术和祈祷来改变这些神的行为，以有利于自己。现在所有宗教教义中上帝的概念都是这些神的古老概念的升华。这种把神拟人化的特点可见诸人们向上帝祈祷，请求实现自己的愿望这一事实中。

当然，没人会否认一个全能的、公正的、仁慈的、人格化的上帝的存在能给人以安慰、帮助和引导；同时，由于这一观念具有简单性这一优点，它就能被最不开化的头脑所接受。但是在另一方面，这一观念本身又具有一些有史以来就被人们痛苦地认识到的致命缺点。也就是说，如果这个上帝是全能的，那么所发生的一切，包括人们所有的行动、思想、感情和理想也都是上帝的成果；怎么可能让人在这样全能的上帝面前对自己的行为和思想负责呢？在某种程度上，上帝给予奖惩的行为也是对他自己进行的审判。这一点怎么能与上帝的仁慈、公正联系起来呢？

现在宗教领域和科学领域的冲突主要源于人格化的上帝这一概念。科学的目标是确立决定空间和时间坐标中物体和事件间相互联系的普遍规律。对于这些规律，亦即自然法则的要求是具有绝对的普遍有效性而不是能够被证明。它大体上是一个纲领，对其理论上取得成功的信心，是建立在部分已成功的基础上。但是几乎没有人会否认这些部分的成功而把它们归因于人类在欺骗自己。我们能够在这些规律的基础上很精确、很肯定地预言某些领域的现象随时间变化的行为，这一事实深深地根植于现代人的意识之中，即使他可能对那些规律的内容知之甚少。他只需要知道如下事实：太阳系中行星的轨道能

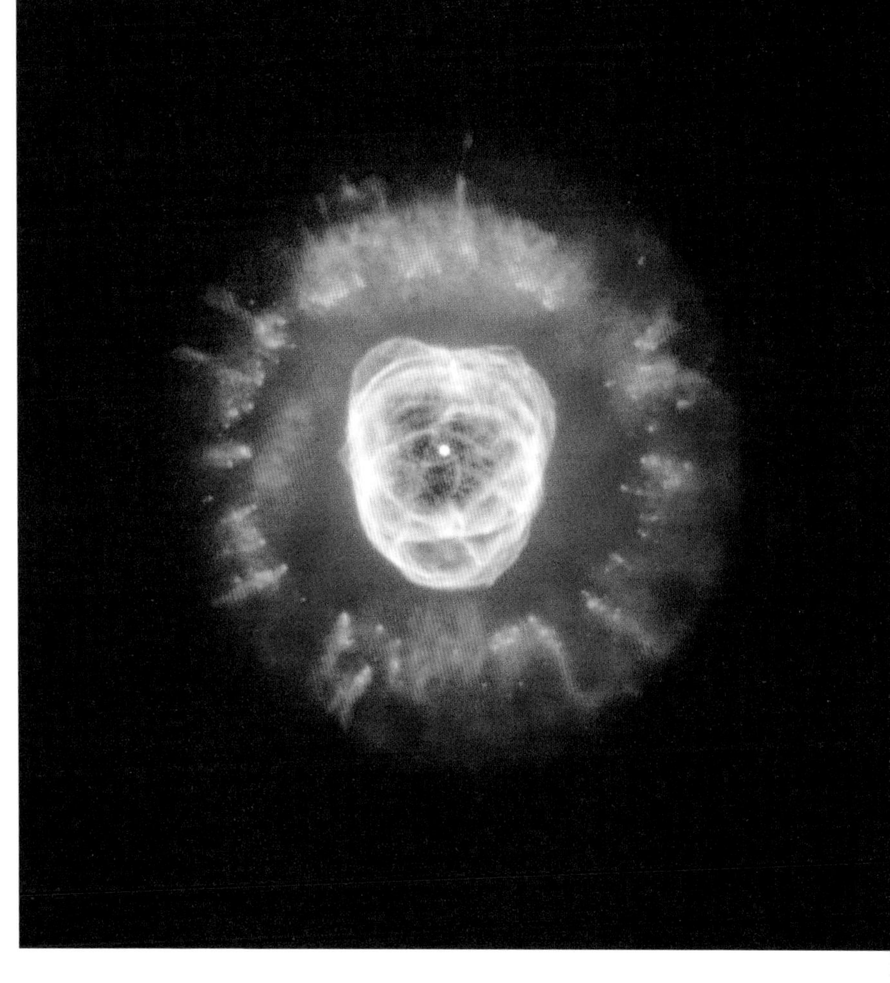

▲ 爱斯基摩星云。华丽的行星状星云NGC2392是一颗濒死的类太阳恒星遗迹。这个恒星遗迹最早是威廉·赫歇尔在1787年发现的，它被称为“爱斯基摩星云”，因为从地面望远镜看上去，它就像一张裹在毛皮大衣帽子中的脸。这件“大衣”实际上是被一圈彗星形天体装饰的物质盘，它们的尾巴是被中心濒死的恒星吹向外侧的。那张爱斯基摩人的“脸”也有很迷人的细节。尽管看上去明亮的中心区域就像一团乱麻，但它实际是一个气泡，正被来自中心恒星的高速物质流吹向外部空间。

▲ **鹈鹕星云的电离波前**。在这张图片中可以看到许多处不曾被看到的激波，这些激波出现在分子云的边缘，它们是新诞生恒星具有强力外流的证据。

够在少数几条简单规律的基础上被很精确地预测出来。同样，即便无法做到绝对精确，但也可能预先计算出电动机、输电系统或无线电设备的运行模式，甚至在面对一个新的事物时也是这样。

当然，当一个现象综合体中起作用的因素太多时，绝大多数情况下科学方法是不起作用的。人们只要想想天气预报就知道了，哪怕只是对几天之后的天气进行预报也不可能。然而没有人怀疑我们正面临一种因果联系，其中构成原因的大部分要素已为我们所知。人们不能对这个领域发生的事情进行精确的预测是因为起作用的因素具有多样性，而不是因为自然界中缺乏秩序。

我们对生物领域中的规律性的研究远不够深入，但已足以使我们感觉到那不变的必然性的规则。人们只要想一想遗传中的有规则的秩序，以及诸如酒精类的药物对生物行为的影响就能明白。这里所缺少的是对广泛普遍性的联系的掌握，而不是对秩序本身的了解。

一个人见过符合既定规律的事件越多，他就越坚信既定规律之外不存在不同本质的起因。对他来说，无论是人类的统治还是神的统治都不会作为自然事件的独立原因存在。毫无疑问，主张存在一个能够干涉自然事件的人格化的上帝的学说绝不可能在真正意义上被科学驳倒，因为这一学说总是能在科学知识尚未能涉足的领域中找到避难所。

但我确信就宗教所代表的这种行为而言，不仅毫无意义而且很致命。因为一种学说若只能在暗中而不能公开地维护自己，则会对人类进步造成不可估量的损害，也必然会丧失对人类的影响力。在为合乎道德的善的斗争过程中，宗教导师们必须有勇气放弃人格化上帝的学说，也就是说，放弃过去把这么巨大的权力交给牧师手中的那个恐惧和希望的源泉。在他们的努力下，他们必须利用那些能够在人性本身中培养真、善、美的力量。毫无疑问，这是件比较困难的任务，但其价值也不可估量。宗教导师们在完成上面提及的净化过程之后，自然将会高兴地承认科学知识已经使真正的宗教更高贵，并使其意义更深远。

如果宗教的目标之一是尽可能地把人类从自我中心的愿望、欲望和恐惧的束缚中解放出来，那么科学推理可以从另一个意义上帮助宗教。尽管科学的目标是揭示事物间联系的规律并以此做出预测，但这并不是其唯一的目标。它还力求把所发现的关联中相互独立的概念元素减少到最低数量。正是在使多种多样的因素合理地统一起来的过程中，它取得了最大的成功，然而也正是这一努力使它冒着落入幻想陷阱的巨大危险。但是任何深刻体验过这一领域里的成功进展的人，都会对存在中所显示出来的合理性表示极大的尊重。通过理解的方式，他从个人希望和欲望的束缚中被解放出来，从而在面对伟大的存在理性时，达到了谦卑的态度，这是一种极为深奥的态度，人类难以企及。但就“宗教”这个词的最高意义而言，这个态度在我看来就是宗教的。所以我觉得科学不仅除去了宗教冲动中拟人化的杂质，而且也有助于我们理解生活里宗教精神化的一面。

人类进步精神演化越深入，我就越确信通向纯正宗教之路不在于对生命和死亡的恐惧，也不在于盲目的信仰，而在于对理性知识的努力探求。在这个意义上，我相信，如果一名牧师希望公正看待他崇高的教育使命，他就必须成为一名教师。

▲ 船底座星云（NGC3372）的光与影。19世纪，当天文学家约翰·赫歇尔爵士发现这团中心有孔漩涡状的气体时，为其取名为“钥匙孔星云”。现在哈勃空间望远镜拍到了这个区域的照片，图中展示了前所未见的细节，揭示了钥匙孔神秘而复杂的结构。

▲ NGC1300 被当作是棒旋星系的样板。棒旋星系与普通的旋涡星系不同，它们的旋臂不是一直延伸到中心，而是连接在包含了核区的棒结构两端。NGC1300具有十分特别的“宏图”旋臂结构，约有3300光年（1千秒差距）直径。

科学与社会

科学影响人类的方式有两种。第一种方式是尽人皆知的：直接甚至在更大程度上间接地帮助人类完全改变生活。第二种方式是教育性的，它作用于人类的思想。粗略来看，这种方式好像并不明显，但它对人类的影响和第一种一样深刻。

科学最突出的实践成果在于它让那些使生活变得丰富多彩的发明成为可能，尽管这些发明也使生活更加复杂——比如蒸汽机、铁路、电能和电灯、电报、收音机、汽车、飞机、炸药等等。此外还必须加上生物学和医学在保护生命方面的成就，特别是止疼药的生产以及存储食物防腐的方法。我认为所有这些发明使人类获得的最大利益，在于它们把人从极其繁重的体力劳动中解放了出来，而这种体力劳动曾经是勉强维持最低生活所必需的。如果说我们现在已经宣告废除

◀ **太阳系图集**。这些行星的图片是由喷气动力学实验室（位于美国加州帕萨迪纳）运营的飞船拍摄的。图中自上而下是：水星，金星，地球（和月亮在一起），火星，木星，土星，天王星和海王星。冥王星（已被分类为柯伊伯带天体）在原书编辑时尚未有飞船经过拍照。（2015年7月中旬，新视野号飞船已经飞掠冥王星并拍摄了清晰图片。——译者注）

了劳役，那么这要归功于科学的实践成果。

另一方面，技术——或者应用科学——却使人类面临着严峻的问题。人类要想继续生存下去，就要依赖于这些问题的妥善解决。这涉及创建一种社会制度和社会传统的问题，如果没有这种制度和传统，新的工具就无可避免地要带来灾祸。

在无组织的经济制度中，机械化生产方式导致相当一部分人不再被需求参与商品的生产，因此被排除在经济发展过程之外。其直接后果是购买能力下降，劳动力因激烈竞争而贬值，随之而来的是，商品生产严重瘫痪的危机间隔越来越短。另一方面，生产资料的所有制问题也带来了一股力量，我们政策中传统的保护方式无法与之抗衡。人类为了适应这种新的环境而卷入了斗争——只要我们这一代表现出能够胜任这项任务，斗争就会带来真正的自由。

技术也使距离缩短了，并且创造出新的卓有成效的破坏工具，这些工具掌握在声称行动自由不受限制的国家的手里，它们变成了对人类安全和生存的威胁。这种情况要求我们这整个星球有着一个独立的司法和行政的权力机构，而这种中央政权的创立会遭到民族传统的拼命反对。我们自己也处在这一斗争之中，这种斗争的结局将决定我们大家的命运。

▶ 木星和它的有火山活动的卫星——伊娥。这张包含了木星和伊娥的照片是新视野号飞船2007年年初飞掠木星时拍摄的。蓝色的区域是高空的云和霾，而红色区域是更深处的云。图中非常明显的蓝白色卵形图案就是著名的大红斑。

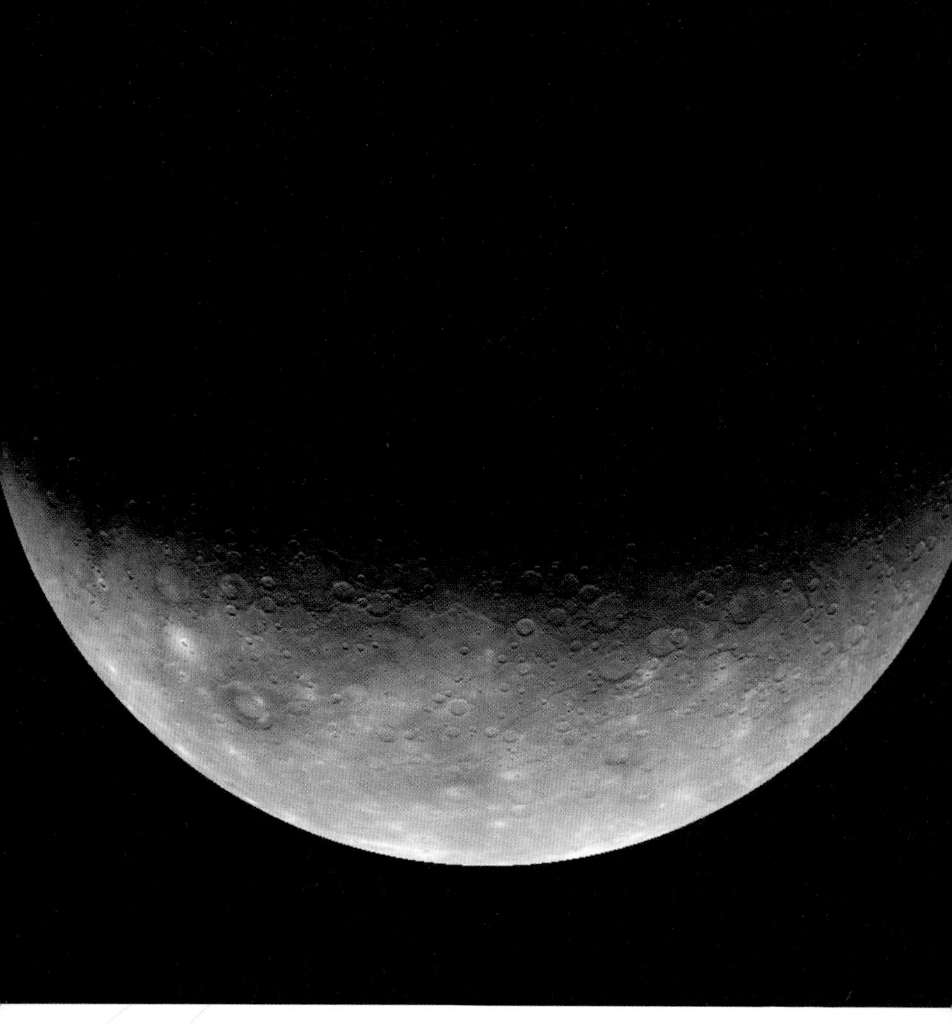

▲ **水星彩图**。信使号飞船把水星的图片发回了地球，这是三十多年来（从1974年开始探测水星的水手10号算起，已超过四十年——译者注）最清晰的水星图片。信使号传来的数据使得我们可以得到水星多种不同的彩色高清图片，而在此之前这是不可能的。

最后，通信手段——如印刷品和收音机，当这些同现代化武器结合时，有可能使人们的肉体和灵魂都置于中央政权的奴役之下——这是第三种人类危机的来源。现代的暴政及其破坏效果，清楚地说明了我们还远未能有组织地利用这些成果来实现人类利益。这种情况也需要国际化的解决办法，但这种解决办法的心理基础还未奠定。

现在我们来探讨下从科学中产生的智力影响。在科学出现以前的时代，单凭思考不可能得到全人类都能接受的确定且必要的成果。更不用说要使人相信自然界所发生的一切都被不可动摇的法则所支配。蒙昧的观察者所看到的自然规律的片面性，正好引起他对鬼神的信仰。因此，即便在如今，落后地区的人们还常常生活在恐惧之中，他们惧怕自己的命运受到喜怒无常的超自然力量的干涉。

科学的最大作用，在于它影响人类心灵，使人们克服了在自我以及自然界面前的不安全感。在创立初等数学时，希腊人最早提出的思想体系，其结论至今无人可以绕过。后来，文艺复兴时代的科学家们把系统的实验同数学方法结合起来。这种结合使得人们有可能精确地用方程式表达自然规律，并且可以通过精密的实验来检验它们，结果是自然科学中不再存在观点上的根本分歧。从那时起，每一代科学家的工作都增加了知识和理解的累积，而丝毫没有出现过危及整个体系的危险。

一般公众也许只能在一定程度上了解科学研究的细节，但这至少能指示出这一大收获：相信人类的思维是可靠的，并且自然规律是普适的。

▲ **最伟大的土星肖像，**当然只是迄今为止。2004年10月上旬，卡西尼号飞船在绕土星巡航时拍下了一系列照片，这些照片组合在一起拼成了有史以来关于土星及其光环的最大的图片，图上细节清晰，并且展现了土星全貌的真实颜色。这幅巨大的照片一共由126张小图拼成，这些小图像瓦片一样相互层叠，覆盖了整个土星光环，自然也包括了整个土星。

艺术与创造力

个人而言，通过欣赏艺术作品我体验到了极大程度的愉悦感。它们带给我的幸福感是无法通过其他来源获得的。

· · ·

真正的艺术源于艺术家创意的一种不可抗拒的冲动。

· · ·

最伟大的科学家同时也是艺术家。

· · ·

当这个世界不再是我们个人希望和梦想的场景，当我们把这个世界看作一种自由的存在，欣赏它、质疑它、观察它的时候，我们就进入了艺术和科学的领域。当我们用逻辑性语言来重建我们的所见所感时，是在从事科学；当我们使用以直觉去感知而非以意识去理解其意义的方式去沟通时，就是在从事艺术。

· · ·

◀ 大质量恒星照亮了星云NGC6357。图中展示了星云NGC6357、疏散星团Pismis 24和其中最亮的恒星Pismis 24–1。

科学和创造性活动的发展需要独立自主的思想，不受权威和世俗偏见的制约。

· · ·

局限于问题产生时所用的思路，我们就无法解决问题。

▼ M17，也被称为ω星云或者天鹅星云，它位于人马座天区，距离我们5500光年。图中气体呈现出波浪状图案，这是图片左上视场外的年轻大质量恒星的紫外辐射作用形成的。高温高压导致一些物质外流，形成了罩在背景结构上的闪着绿光的气体“面纱”。

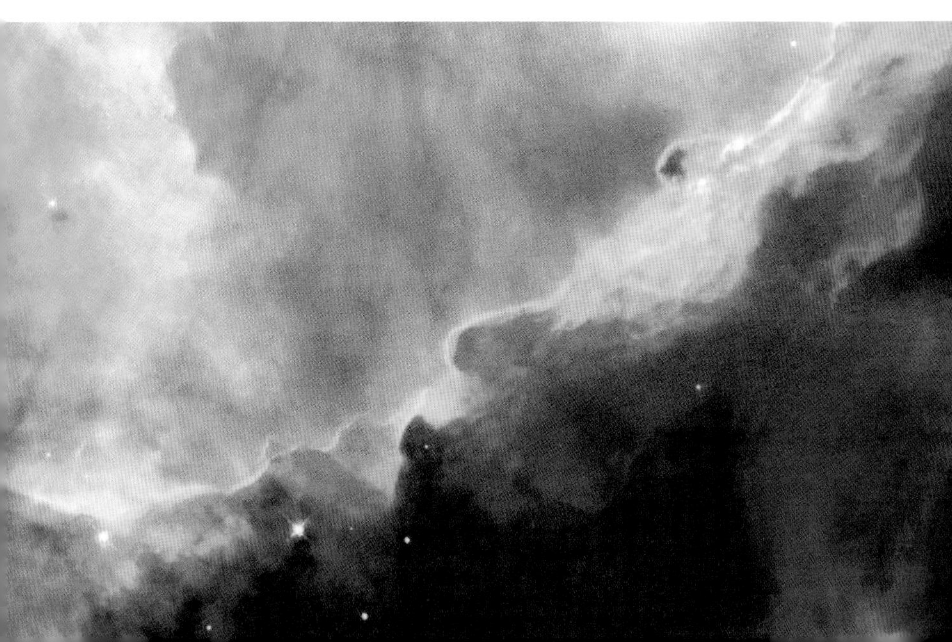

▲ M82，亦即NGC3034。活动星系M82的多波段合成图像，其中包含来自三个不同空间望远镜的数据：哈勃空间望远镜、钱德拉X射线天文台、Spitzer空间望远镜。图中蓝色成分是X射线数据；红色成分显示的是红外数据；橙色显示的是氢的发射线，黄绿色显示的是来自最蓝端的可见光辐射。

▲ **位于人马座天区的哈勃太阳系外行星搜寻星场。**NASA的哈勃空间望远镜已经在银河系中心区域发现了16颗围绕着不同恒星运行的太阳系外行星候选体。哈勃搜索的范围已经远远超过已发现太阳系外行星系统的距离。它观测了银河系核球周围26,000光年范围内的

180,000颗恒星。相当于四分之一银河系盘的直径。在新发现的系外行星中有5颗表现为一种全新的极端种类，在已知的邻近行星系统中从未见过。它们被称为超短周期行星（英文缩写为USPPs），这些行星绕它们所属恒星的公转周期还不到一个地球日。

▲ 猎户座大星云（亦即M42或NGC1976）中的抽象画。这幅图位于邻近的恒星形成区——猎户座大星云。这张哈勃空间望远镜拍摄的彩色拼接图展示了明与暗强烈对比的区域，这些明暗交错就像一个混合了各种色彩的调色板，实际上是富含漩涡和流体运动的区域。这幅作品足以让最出色的艺术家羡慕不已。

▲ SPITZER望远镜和哈勃空间望远镜共同创作的色彩缤纷的杰作。这幅图片与其说是一张宇宙中天体的照片，不如说是一幅抽象画。这幅壮观的画作展示的是猎户座大星云在红外、紫外以及可见光波段的爆发。这幅画的“作者”是包裹在气体和尘埃中的数百颗新生恒星，强烈的紫外辐射和剧烈的星风就是它们的“画笔”。这件画作的核心是四颗怪兽般的大质量恒星组合，它们被叫作“Trapezium”，中文称为“猎户座四边形星团”。这些庞然大物比我们的太阳亮大约十万倍。

想象力

想象力比知识更重要。因为知识是受限的，而想象力能包容整个世界，促进世界进步，催生世界演化。

◀ 马头星云，星团NGC2024以及发射星云IC434。独特的红色发射星云IC434是由来自猎户座σ的辐射与周围的气体尘埃相互作用形成的。一个马头形的阴影投影其上。图中最亮的恒星是猎户座ζ，晴朗的夜空中，我们可以不借助任何工具辨认出这颗位于猎户座腰带最东边的亮星。

▲ **老鹰星云（亦即M16/NGC6611/IC4703）**。图中天体看上去就像童话里的神秘生物，实际上它是从被称为老鹰星云的恒星诞生地喷薄而出的一团冷尘埃和气体。它绵延了大约9.5光年，约等于92万亿公里（或57万亿英里），相当于太阳到最近恒星距离的两倍。老鹰星云中的恒星诞生在冷气体氢云团中，这些云团处于极

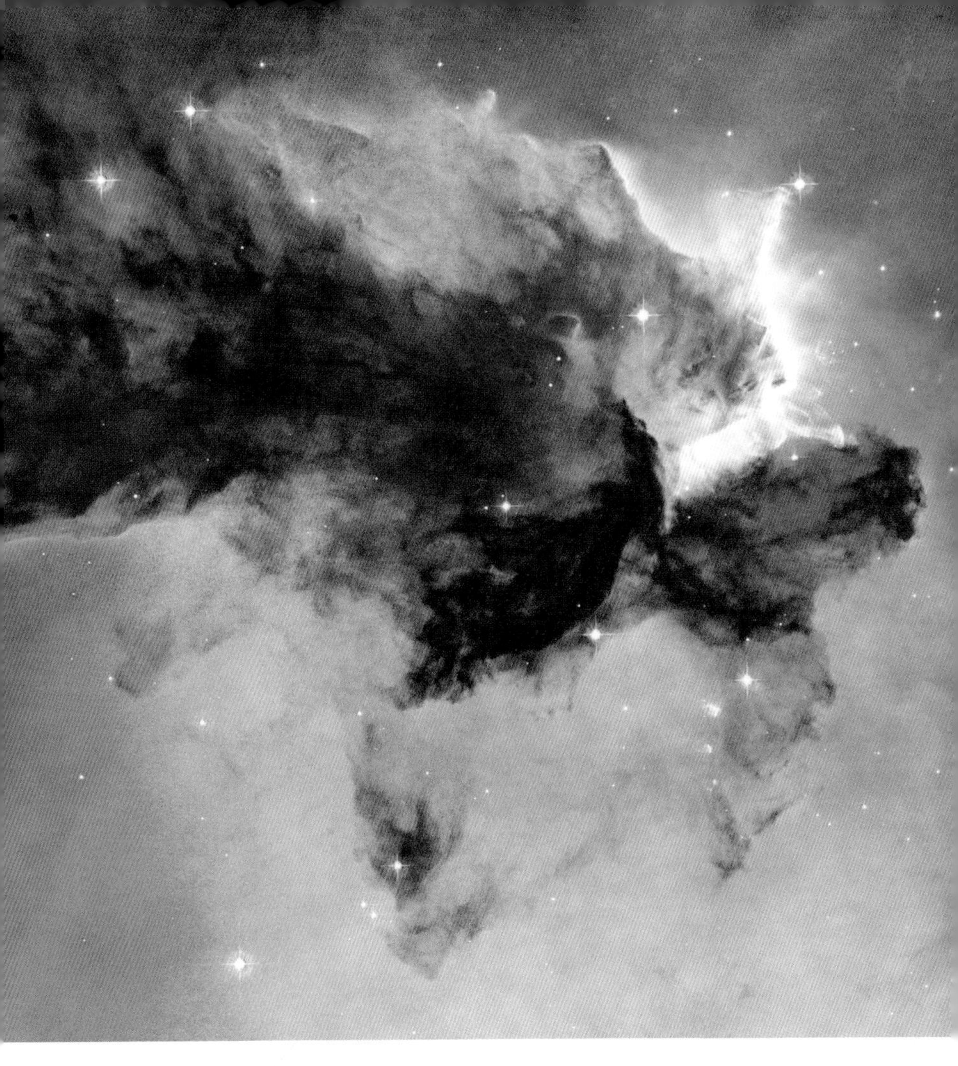

度混沌的环境中，来自恒星的能量把这些气体塑造成了各种奇幻的景象。这些致密气体云团在引力作用下塌缩会产生恒星，成为新生恒星的孵化器。周边高温恒星加热气体，气体的压缩会诞生恒星。图中这些团块和手指状结构都是恒星诞生地的样板。这些区域也许看上去很小，但实际上它们都相当于太阳系的大小。

好奇心

不停止发问是很重要的。好奇心的存在是有其道理的。当一个人冥想来世、生命以及现实奇妙构造的奥秘时，别人没法帮忙，只能心存敬畏。只要每天有人试着去理解这个奥秘，就足够了。永远不要失去一颗神圣的好奇心。

· · ·

现代教学方法并没有把那寻根究底的神圣好奇心彻底抹杀，这简直就是个奇迹。

◀ **三裂星云中的恒星**。整个银河充满了大量氢与微小尘埃颗粒的混合物，这些氢只有被高温的恒星照亮后才会被我们观测到。来自这些恒星的光中富含紫外光，它能激发气体发出红色的光。

大自然

当你一步步深入了解大自然，你就会对万事万物有更好的理解。

· · ·

大自然把她的秘密藏匿在她本身的雄伟之中，而不是在谎言之中。

◀ **有史以来对宇宙的最深度观测**。这是人类得到的可视宇宙的最深的图像。它被叫作哈勃超深场（英文缩写HUDF），这张有效曝光时间达百万秒的图像展示了第一代星系从"黑暗时代"并合的情况，那是大爆炸之后不久，初代恒星再加热了冷暗物质宇宙。新的图景可以让我们窥得是何种天体完成了对宇宙的再加热。

永恒的奥秘

这个世界的永恒奥秘就是它的可知性。这个世界是可知的，这本身就是一个奇迹。

◀ 位于猎户座的反射星云，亦即NGC1973-75-77，是距离猎户座大星云仅半度的一组恒星和星云。如果不借助工具，它们看上去就像是一颗恒星，位于猎户短剑的最北端。那一片朦胧的蓝色是被尘埃散射的星光，而其中的红色光来源于足够热的恒星激发的氢辐射。这些星云和恒星混合在一起创作出了十分漂亮的效果图。

▲ **蜘蛛星云中的HODGE301**是一个由明亮的大质量恒星组成的星团，那是近邻宇宙中活动性最强的星爆区。它位于我们银河系的邻居之一大麦哲伦云中，包含了许多已经经历过超新星爆发阶段的老年恒星。这些恒星界的烟花把物质高速抛撒到周边空间。这些喷发物划过蜘蛛星云，冲击并压缩其中的气体，产生出许多片状或纤维状结构。

人类存在的目标

在我们这个时代，人类智慧发展所取得的进步是值得骄傲的。对真理及知识的探索和努力是人类最高尚的品质之一，然而往往最大声喊出骄傲的人却是最不努力的人。并且我们要小心别把智慧当作上帝；当然它有强壮的肌肉，却并没有人格。它不能领导人们，它只能服务于人们，而且它对领导人并不挑剔。这一特点体现在大量牧师和知识分子的素质中。智慧对方法和工具很苛刻，但是并不在意结果和价值。所以难怪这个致命的盲点被老人传给年轻人直至现在。

我们犹太人的祖先、先知和古代中国的先贤都理解并宣告，塑造人类存在最重要的因素是确立这样一个目标：人们通过不断的努力把自己从反社会和破坏性的本能中解放出来，建立一个自由幸福的人类社会。在这个努力过程中，智慧起到了最重要的辅助作用。才智、自身努力与艺术家的创造性活动相结合的成果赋予了生命内涵和意义。

但是当今世界，人类狂暴统治的激情比以往更加失控。

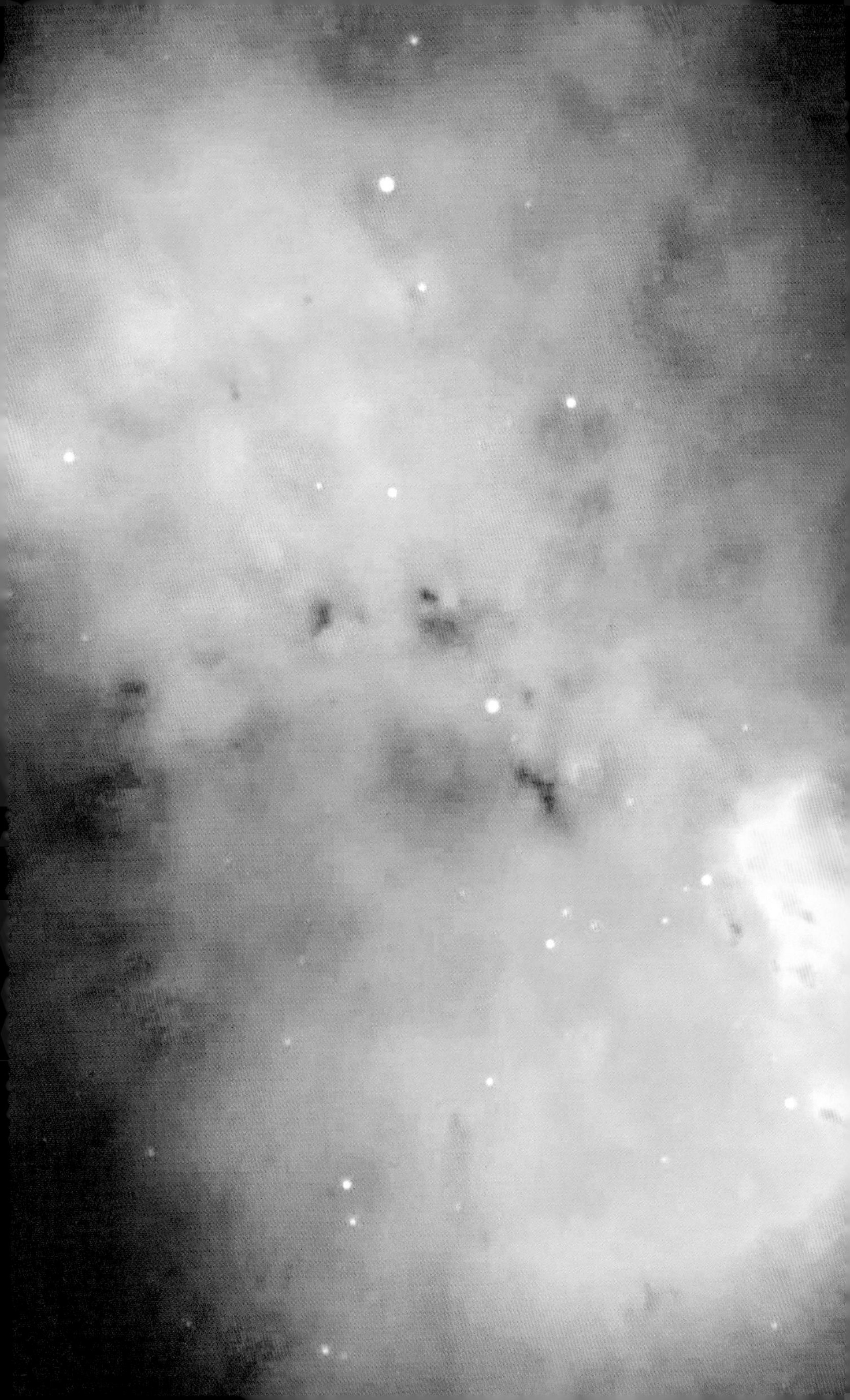

我的信条

我们在这片大地上的处境似乎很奇怪。我们每个人都是身不由己地出现在这里，只做短暂停留，而并不知为何如此。在日常生活中，我们感到自己是为了别人，为了我们所爱的人以及其他与自己命运相关的人而存在的。

我经常担心自己的生活是在很大程度上以其他人的工作为基础的，我感到亏欠他们很多。

我不相信意志的自由。叔本华的名言“人虽然能够做他所想做的，但不能要他所想要的”，这句话伴我面对生活中的各种处境，并能排解我与其他人行为的争端，尽管这对我来说很痛苦。这种对意志的自由缺失的警觉能防止我在对自己和同类的行为及抉择上不会过分严肃，也能防止我大发脾气。

◀ **哑铃星云——M27或NGC6853——被法国著名天文学家、寻彗者查尔斯·梅西叶在1764年发现，并列入他那为人们熟知的延展天体列表（即梅西叶星云星团表——译者注）中，编号27。它由中心高温恒星（图中可见）喷射出的非常稀薄的气体组成，正处于演化的末期。**

▲ **天鹅圈星云的一隅**。这个星云来自一颗恒星死亡后向外膨胀的爆震波，那是发生在1万5千年前的一次超新星爆发。爆震波从左向右划过画面，之后碰上一团致密的星际气体云。这次冲击触发了激波对气体云团加热，发出了图中亮丽多彩的光芒。

我从不贪图富贵和奢靡，并鄙视相关的交易。我对社会正义的热情经常使自己陷入与别人的冲突之中，就像我对所有义务与依附的厌恶一样，我认为这些不是绝对必要的。我通常对个体都十分尊重，同时对暴力以及结党营私有一种难以抑制的厌恶。这些动机使我变成了一个狂热的和平主义者和反军国主义者。我反对任何民族主义，即使在爱国主义的幌子下。

在我看来，任何基于财富和地位的特权就像那些浮夸的个人崇拜一样都是不公平的，有害的。我是民主理想的拥护者，尽管我深知民主形式政府的缺陷。我认为对个人的政治公平和经济权益的保护是国家重要的公共目标。

虽然我在日常生活中是个孤立的人，但是我的意识属于那些努力探求真理、美和正义的隐形团体，这使得我从未感到孤独。

一个人能感受到的最美好、最深刻的感觉就是神秘感。它是宗教的基本准则，同时也是所有艺术和科学的基本准则。对我来说没有体会过这种感觉的人就算不是个死人，起码也是个瞎子。要领会任何事物背后的隐情，那是一种可以被体验到的感觉，但是我们的思想却不能触及，它的美好与崇高只能间接地在我们心中产生微弱的反映，这就是信仰。从这个意义上来讲我是虔诚的。对我而言，能够明白这些奥秘并谦逊地尝试用自己的思想去了解其中巍峨的结构就满足了。

科学中的宗教精神

在众多深邃的科学思想中，你很难找到不具有它自己特定宗教情怀的。但这和愚人们的宗教不同。对后者而言，上帝是一种存在，人们希望受到其眷顾，而惧怕其惩戒；这就像是儿童对父亲的感情的升华，在某种程度上存在着亲缘关系，但它可能还带有深深的敬畏。

但是科学家是被因果论附体的。对他来说未来和过去一样都是完全必然的和确定的。道德中没有任何神圣的东西，它是纯粹的人类的事情。他的宗教情感表现为对和谐的自然规律的欣喜若狂。这种和谐的自然规律体现了超凡的智慧，与之相比，所有人类系统的思维和行为都显得微不足道了。这种情感会成为科学家生活和工作的指导准则，并使其最终脱离私欲的束缚。毫无疑问，这与各个时代宗教天才的情怀是相似的。

◀ 心宿二（即大火星，英文名Antares）和暗星云蛇夫座ρ。在蛇夫座和天蝎座之间横亘着一块富尘埃区域，其中包含着已知最壮丽多彩的星云。图中上部分的蓝色光是被巨大的冷气体和尘埃云团反射的高温恒星的星光，这里是恒星诞生的地方。红超巨星心宿二（距离这团星云600光年）占据了此图的下半部分。天蝎座σ（亦即心宿一，英文名Alniyat，距离地球735光年）位于图片右侧，是一片红色的发射星云。这张照片中完整包括了不同类型的星云。

▲猎户座大星云。作为家喻户晓的邻近恒星诞生地，猎户座大星云激发了一些天文学视角的想象。星云中的发光气体环绕着高温的年轻恒星，这些恒星处于一个距离星云1500光年外的巨型星际分子云团的边缘。猎户座大星云结构十分复杂，马头星云也包含在其中，而在未来的10万年间它还将继续扩散开。

后记

我们已幸存了五十年

人类面对这些根本性的问题已达千年之久。世界的本质是什么？人类要怎样去了解世界？科学家、神学家、哲学家以及普通大众都曾探寻这些问题的答案并且发展出不同的世界观。伴随着时间推移，新的科学知识、感悟、历史事件以及人类成就的引入，新的世界观不断涌现，原有的世界观不断改变。

爱因斯坦的成果彻底改变了我们对空间、时间、物质以及能量的理解。他的理论为行星结构的基本问题提供了一些答案，其中大部分是不可见的因素和抽象概念，与日常的经验大不相同。人类经验和文化的历史总会被自然界无形的力量影响，可是我们却对这些力量知之甚少。

比过去更甚，科学问题也成了全社会的问题。什么技术会是我们产生能量的基础？我们怎样阻止新的核武器被研发和扩散？科学信息是否应该公布在互联网上供任意使用？我们是否应该防止有潜在危险的信息传播？爱因斯坦的遗产也包括了知识对责任、道德、自由和民主文化的需求吗？

二战后，在见识了纳粹的战争罪行及摧毁广岛和长崎的原子弹的发明后，人们已形成一种新的关于科学责任感的公众意识。在二十一世纪，科学面临着政治的挑战，反映在科学体系的产业化方面。探索宇宙空间的大规模科研项目十分昂贵，而且要把有限的资源从社会需求中剥离出来。生物科技与干细胞研究带来了机遇，也带来了风险。科学自由的界限应该划在哪里呢？这个问题又该由谁来决定呢？

在开放社会中，有必要平衡科学研究的自由性与需求性，从而民主地证明公开资助之合理。对科学的价值与本质的公众意识，以及对争议问题知情权的诉求，是对科学进行有意义讨论的先决条件。

“原子弹释放的能量已经改变了除我们思维模式外的一切……这个问题的解决方案在人心之中。”（1946）

真在人心之中吗？我们内心是怎么想的？爱因斯坦相信我们可以明辨是非。我们做好事只因为它是好事，而并不期待因此获得上帝赏赐。我们不需要学习从善，但是要想避免人类或者这个世界的灭亡，我们必须学会新的思考方式。我们必须明白，我们有一个共同的敌人：足以灭绝种族的核武器。我们必须在被灭绝之前消除这个敌人。

1980年，国际防止核战争医生组织成立，我们相信，只要人们真正理解了核战争的本质，那么他们一定会要求拥有核武器的政府废除核武器，而政府也会响应这样的要求。事实上，人们已经要求过并且仍然要求废除核武器，这说明我们已经成功地让人们理解了核威胁的本质，但政府并不遵从。人们已经厌倦了自己的恳求被忽略，不再对此抱有幻想。这是政府的失败，也是民主的失败。

人们绝望了吗？不，他们会找到其他改变世界的方法。

从1945年至今，世界上每一项持续的伟大进步都源于普通民众的共同努力，且未经暴力手段。无论是印度和其他殖民地国家的解放运动，还是南美洲的民主化进程等，都是非暴力运动的结果。民主和自由的每次胜利都是人民大众自愿联合起来，通过非暴力手段获得的。战争曾在越南、刚果、卢旺达、苏丹、斯里兰卡、伊拉克等数十个国家和地区先后爆发，造成了数百万伤亡，而民主和自由尚存。战争没有解决任何问题。

当今世界让我们产生一种我们具有共同的命运与责任的感觉，这是前所未有的。我们已经从月球贫瘠的表面上看到我们这脆弱的蓝色星球缓缓升起，从死寂中升腾起生机勃勃的景象。我们要像看待孩子一样亲切温柔地看待我们的地球，这是我们的责任。我们的星球、我们的责任，亲切温柔；这是人与地球间的一种全新关系；我们以及所有人的一种全新感情。现在世界上的年轻人通过网络相互通信，分享他们的思想、他们的音乐以及他们所关心的一切。“我们都是这个世界的孩子。”

“我认为，人类正在走向一个新的时代，和平条约将不仅局限于纸面，更将根植于每个人心中。”（1946）

一种新的思考方式？是的，它正在起步。暂时会有挫折。反对进攻伊拉克的示威游行是迄今世界上最大的示威活动，但并没能阻止战争。核威慑原则已经扩大为一个新的军事原则，它宣布核武器在战争中将处于可用状态。这个新原则偷偷绕过了不警醒的普通民众，只激起了一小部分愤怒的情绪，如果它的真实涵义被民众真正了解，必将引起更广泛的民愤。

这个世界上存在着两种超级力量。一种是人类历史上强大的军事力量，它相信能够通过屠戮来统治世界。另一种超级力量是民间团体。这是一种新的情形。普通民众会知道另一种世界也是可能的，人们有权利和义务来保护人类不被军国主义迫害，并且建立和平公正的新世界秩序。

▲ 1949年爱因斯坦在70岁生日聚会上。

我无法预测这种斗争的结果。强权不仅控制了战争机器，同时很大程度上掌控了我们通过媒体看到的图像。这些图像向我们强有力地灌输情感，传达憎恨而不是同情，带来绝望而不是希望。现在移动通信摄像头通过互联网通信的方式会改变我们对世界的看法吗？我们可以从被害者的视角而不是从"随军记者"的角度去看待战场上的士兵和坦克吗？

这是一种新的思考方式吗？敌人不再是别国的人民，不是我们破坏赖以为生的生态系统时对我们进行反击的地球。敌人是战争和军国主义思想、"我们的"恐怖分子和"他们的"恐怖主义、核武器、环境破坏、贫困、剥削，以及每天15,000婴儿的非必要死亡。

"我们必须通过和平主义精神的教育让我们的后代免于军国主义的迫害……我们的教科书颂扬战争的荣誉而隐瞒它的恐怖。它们给孩子们灌输仇恨。我愿教导他们和平而不是战争，教导他们去爱而不是去恨。"（1979）

爱因斯坦会如何看待今天的世界呢？他会高兴，也许会有一点惊讶，因为我们还活着，核战争还未爆发，至少现在还没。他也会不高兴，因为尽管冷战已经结束，但军国主义和对武力的信奉并未减少。他会感到难以理解，宗教极端主义和狭隘的思想在许多国家变得更加显著，甚至在高度发达的民主国家。为什么我们在不同文明之间促生的只是冲突，而不是和平对话？

“我也许应该去做一个钟表匠。”（1965）

不，我们看到爱因斯坦是笑着讲这句话的。对于穷尽一生去探索宇宙的法则、阅读和思考上帝，他并不后悔。我们要感谢他，他分享了毕生关于人类是什么的思考。他的世界观已经被越来越多的人分享。我们的责任就是要继承他的遗赠并将其发扬光大。

当阅读到书中爱因斯坦的语录，面对出奇美丽的图片沉思时，我们一定会得到启发。

罗恩·麦考伊 **贡纳·韦斯伯**

吉隆坡，马来西亚 哥德堡，瑞典

麦考伊博士和韦斯伯博士是国际防止

核战争医生组织IPPNW的前联席总裁。

IPPNW是1985年诺贝尔和平奖的获奖单位。

致谢

本书编者感谢艾丽斯·卡拉普赖斯为本书找到充满想象力的语录、寻找图片、提出重要建议并为本书作前言。我们也要感谢国际防止核战争医生组织的前联席主席贡纳·韦斯伯和罗恩·麦考伊为本书作后记，戴维·马林、克雷格·皮特森和奈尔·德葛拉斯·泰森提出宝贵建议，之后詹姆斯·范·艾伦还为本书作序。我们要感谢所有花时间阅读并支持本书的人们。我们还要衷心感谢格雷格·斯莱特、伊莉莎白·沃克、凯思琳·鲍威尔、阿利斯代尔·戴维、康妮·莫尔、戴维·麦肯齐、麦克金特里、玛丽·安·海格、克里斯托弗·斯塔克和哈维恩·福德为本书找到许多精美的图片。我们还要感谢提供了震撼人心的天文图片以及迷人的科学现象的所有科学家、工程师以及专业和业余的天文爱好者。要特别感谢卡尔·约翰逊的热情鼓励。我们非常感谢吉塔·布拉迪的主编意见以及她无限的同情；感谢史怀哲基金会尤其是拉克兰·福罗和伊恩·斯蒂文森，为我们提供可以处理高清晰图片的电脑；感谢我们家人和朋友的支持，包括我们的经纪人克里斯蒂娜·福尔摩斯、吉姆·卢比斯（费尔菲尔德公共图书馆前馆长，同样感谢其他工作人员），玛赫西管理大学图书馆，以及我们亲爱的朋友戴维·布莱尔和吉姆·贝茨，热爱星空的同好。

我们深切的爱意和感谢要献给玛赫西大师(His Holiness Maharishi Mahesh Yogi)，他是创智学会（SCI）、超越冥想派（TM）以及TM-Sidhi项目的创立者，他为我们深入领会吠陀的知识提供了帮助；

还要献给约翰·哈根林，在关于纯粹的先验意识与统一场方面的帮助。

我们感谢以下单位，他们为本书引用爱因斯坦的语录和文章提供了版权使用许可：矮脚鸡图书出版公司（Bantam Books）提供了《宇宙与爱因斯坦博士》（林肯·巴内特著，1966，Morrow & Company发行）一书供摘录；布兰登出版公司（Branden Press，Inc.）提供了《爱因斯坦与诗歌：寻找宇宙人》（威廉·赫尔曼斯著，1983，布兰登出版公司）一书供摘录；博南扎图书公司（Bonanza Books）提供了皇冠出版社（Crown Publishers，Inc）1954年出版的《观念与意见》中“我所看到的世界”与“关于财富”两部分内容；双日出版公司（Doubleday Company）提供了《爱因斯坦的戏剧》（安东尼娜·瓦伦汀著，1954）一书供摘录；道顿图书公司（Dutton Books）提供了《爱因斯坦：科研一生》（迈克尔·怀特，约翰·格力宾著，1993）一书供摘录；哈佛大学出版社（Harvard University Press）提供了《爱因斯坦：百年诞辰纪念》（安东尼·P. 弗伦奇著，1979，国际物理学教育委员会）一书供摘录；敞院出版社（Open Court Publishing Company）提供了《爱因斯坦自传》（1979，在世哲学家文库，爱因斯坦遗产管理委员会）一书供摘录；哲学文库（Philosophical Library）之智慧文库提供了《我所看到的世界》（Citadel Press发行）中的“生命的意义”“善与恶”“宗教与科学”“科学中的宗教”“基督教和犹太教”；及《爱因斯坦晚年文集》(1973, Citadel Press发行)中的“自画像”“道德衰落”“道德与情感”“科学与宗教”“科学与社会”“人类存在的目标”;普林斯顿大学出版社(Princeton University Press)提供了《爱因斯坦与宗教》(麦克斯·贾马尔著, 1999)(Einstein and Religion)一书供摘录;《新爱因斯坦语录》(艾丽斯·卡拉普赖斯著, 2005);以及《爱因斯坦:人性的一面》(海伦·杜卡, 巴内什·霍夫曼编选, 1979, 爱因斯坦遗产管理委员会);萧肯出版社(Schocken Books)提供了《爱因斯坦与和平》(奥托·内森, 海因策·诺登编, 1968, 爱因斯坦遗产管理委员会)一书供摘录;维京出版社(The Viking Press)提供了《爱因斯坦》(杰瑞米·伯恩斯坦著, 1973)一书供摘录。

最初发表于1971年前的材料, 我们已经联系了在耶路撒冷希伯来大学的爱因斯坦档案馆, 获得了复制这些材料出版的许可。

对于未公开发表或者最初发表于1971年后或者收入爱因斯坦论文项目的材料, 我们已经联系普林斯顿出版社, 获得了复制这些材料出版的许可。

注释

本书（英文版本）内容均系引用爱因斯坦语录原话未更改。所有词句中的拼写变体等均保留原始文献或译文的模样。书中多处“man（男人）”大概是源于对德语词“mensch”的误译，其本意为人类。

宇宙宗教

1 From Albert Einstein's letter to Milton M. Schayer, August 1927 (AEA 48-380).

2 Barnett, Lincoln, *The Universe and Dr. Einstein, 2nd Edition* (New York: William Morrow, 1974), 108.

3 Bernstein, Jeremy, *Einstein* (New York: Viking, 1973), 11. Also in: Nathan, Otto, Heinz Norden (eds.), *Einstein on Peace* (New York: Shocken, 1968), 282.

4 From Albert Einstein's letter to Norman Salit, March 4, 1950 (AEA 61-226).

早年

1 Einstein, Albert and Paul A. Schilpp (trans.), *Autobiographical Notes* (LaSalle and Chicago, IL: Open Court Publishing Company, 1979), 3, 5.

生命的意义

1 Einstein, Albert, *The World As I See It* (New York: Wisdom Library of the Philosophical Library, 1949), 1.

自画像

1 First published in George S. Schreiber: *Portraits and Selfportraits* (Boston: Houghton Mifflin, 1936).

我所看到的世界

1 Originally published in *Forum and Century* Vol. 84, 193–194, the thirteenth in the Forum series "Living Philosophies." Reprinted in *Living*

Philosophies (New York: Simon & Schuster, 1931), 3–7. Also in: Einstein, Albert Sonja Bargmann (trans.), *Ideas and Opinions* (New York: Crown, 1954), 8–11.

2 MacHale, Des, *Wisdom* (London: Prion, 2002).

宗教与科学

1 Einstein, Albert "Religion and Science." *New York Times Magazine,* November 9, 1930, 1–4. Reprinted in: Einstein, Albert Sonja Bargmann (trans.), *Ideas and Opinions.* (New York: Crown, 1954), 36–40. Also in Einstein's book *The World as I See It* (New York: The Wisdom Library of the Philosophical Library, 1949), 24–28.

2 Moszkowski, Alexander and Henry L. Brose (trans.), *Conversations with Einstein* (New York: Horizon Press, 1970), 46.

3 French, Anthony P. (ed.), *Einstein: A Centenary Volume* (Cambridge, MA: Harvard UP, 1979), 66.

4 Barnett, Lincoln, *The Universe and Dr. Einstein* (New York: William Morrow, 1974), 108. Also in: Einstein, Albert, *Cosmic Religion, with other Opinions and Aphorisms* (New York: Covici-Friede, 1931).

5 Einstein, Albert, *Out of My Later Years* (Secaucus, NJ: Citadel, 1956), 26.

6 Vallentin, Antonia and Moura Budberg (trans.) , *The Drama of Albert Einstein* (Garden City, NY: Doubleday 1954), 259.

7 Einstein, Albert, *Cosmic Religion, with other Opinions and Aphorisms* (New York: Covici-Friede, 1931), 98.

8 Einstein, Albert, *Out of My Later Years* (Secaucus, NJ: Citadel, 1956), 29–30.

道德与价值观

1 Dukas, Helen and Banesh Hoffman (eds.), *Albert Einstein: The Human Side.* (Princeton, NJ: Princeton UP, 1979), 69–70.

2 Ibid., 70–71.

3 French, Anthony P. (ed.), *Einstein: A Centenary Volume.* Harvard University Press 1979, 241

4 Einstein, Albert, *Mein Weltbild* (Amsterdam: Querido Verlag, 1934). Originally from a letter to an unidentified person, 1933.

5 Dukas, Helen and Banesh Hoffman (eds.) *Albert Einstein: The Human Side* (Princeton, NJ: Princeton UP, 1979), 95.

6 Einstein, Albert, *Out of My Later Years* (Secaucus, NJ: Citadel, 1956), 19.

7 Einstein, Albert and Sonja Bargmann (trans.), *Ideas and Opinions* (New York: Crown, 1954), 12. Also reprinted in: Einstein, Albert, *The World as I See It* (New York: The Wisdom Library of the Philosophical Library, 1949), 7–8

8 Dukas, Helen and Banesh Hoffman (eds.) Albert Einstein: *The Human Side* (Princeton, NJ: Princeton UP, 1979), 66.

道德衰落

1 Einstein, Albert, *Out of My Later Years* (Secaucus, NJ: Citadel, 1956), 9–10. From a message to the Young Men's Christian Association, October 11, 1937.

2 MacHale, Des, *Wisdom* (London: Prion, 2002).

3 Ibid.

4 Ibid.

基督教和犹太教

1 Einstein, Albert, *Out of My Later Years* (Secaucus, NJ: Citadel, 1956), 23.

2 Einstein, Albert, *Mein Weltbild* (Amsterdam: Querido Verlag, 1934). Also in: Einstein, Albert, *The World as I See It* (New York: The Wisdom Library of the Philosophical Library, 1949), 111–112. Statement for the Romanian Jewish journal *Renasterea Noastra*, January 1933.

3 Dukas, Helen and Banesh Hoffman (eds.) *Albert Einstein: The Human Side* (Princeton, NJ: Princeton UP, 1979), 96.

上帝

1 Hermanns, William, *Einstein and the Poet* (Brookline Village, MA: Branden, 1983), 132.

2 From a fall 1940 conversation recorded by Algernon Black. Einstein Archive 54–834. Also reprinted in: Calaprice, Alice, *The New Quotable Einstein* (Princeton, NJ: Princeton UP, 2005), 202

3 MacHale, Des, *Wisdom* (London: Prion, 2002).

4 Einstein, Albert, *Cosmic Religion, with other Opinions and Aphorisms* (New York: Covici-Friede, 1931), 102.

5 Vallentin, Antonia and Moura Budberg (trans.), *The Drama of Albert Einstein* (Garden City, NY: Doubleday, 1954), 102

6 Clark, Ronald W., *Einstein: The Life and Times* (New York and Cleveland, OH: The World Publishing Company, 1971), 19.

7 French, Anthony P. (ed.) *Einstein: A Centenary Volume* (Cambridge, MA: Harvard UP, 1979), 128.

8 Clark, Ronald W. *Einstein: The Life and Time* (New York and Cleveland, OH: The World Publishing Company, 1971), 19. Also in: French, Anthony P. (ed.) *Einstein: A Centenary Volume* (Cambridge, MA: Harvard UP, 1979), 67.

祷告

1 Dukas, Helen and Banesh Hoffman (eds.), *Albert Einstein: The Human Side* (Princeton, NJ: Princeton UP, 1979), 32–33.

神秘主义

1 Dukas, Helen and Banesh Hoffman (eds.) *Albert Einstein: The Human Side* (Princeton, NJ: Princeton UP, 1979), 40.

2 Ibid., 38

3 Ibid., 39

4 Ibid., 39

个体

1 Clark, Ronald W., *Einstein: The Life and Times* (New York and Cleveland, OH: The World Publishing Company, 1971), 622.

2 Einstein, Albert and Sonja Bargmann (trans.), *Ideas and Opinions* (New York: Crown, 1954), 43.

3 From a September 8, 1916 letter to Hedwig Born, wife of physicist Max Born. Einstein Archive 31–475. Reprinted in: Seelig, Carl (ed.) *Helle Zeit, Dunkle Zeit* (Zurich: Europa Verlag, 1956), 36. Also in: Calaprice, Alice, *The New Quotable Einstein* (Princeton, NJ: Princeton UP, 2005), 61.

4 Attributed to Einstein. Reprinted in: Calaprice, Alice, *The New Quotable Einstein* (Princeton, NJ: Princeton UP, 2005), 291.

5 From a June 1934 unpublished article on tolerance. Einstein Archive 28–280, and reprinted in: Calaprice, Alice *The New Quotable Einstein* (Princeton, NJ: Princeton UP, 2005), 266.

道德与情感

1 Einstein, Albert, *Out of My Later Years,* (Secaucus, NJ: Citadel, 1956), 15–20. Commencement address delivered at Swarthmore College, June 6, 1938.

关于财富

1 Statement for Viennese Weekly *Bunte Woche*, December 9, 1932. Reprinted as "Of Wealth" in *The World As I See It*.

2 From a sign hanging in Einstein's office at Princeton.

大规模毁灭性威胁

1 Einstein, Albert, *Out of My Later Years,* (Secaucus, NJ: Citadel, 1956), 204–206

2 From a December 14, 1930 speech to the New History Society in notes taken by Rosika Schwimmer. Reprinted as "Militant Pacifism" in: Einstein, Albert, *Cosmic Religion, with other Opinions and Aphorisms* (New York:

Covici-Friede, 1931), 58.

3 Einstein Archive 48–479. Also in: Calaprice, Alice, *The New Quotable Einstein* (Princeton, NJ: Princeton UP, 2005), 158.

4 From an interview with Alfred Werner in *Liberal Judaism* 16, April - May 1949, 12. Einstein Archive 30–1104. Reprinted in: Calaprice, Alice, *The New Quotable Einstein* (Princeton, NJ: Princeton UP, 2005), 173 .

5 Einstein quoted in Konrad Bercovici, Pictoral Review, February 1933. Reprinted in: Clark, Ronald W., *Einstein: The Life and Times* (New York and Cleveland, OH: The World Publishing Company, 1971), 372–373.

6 May 23, 1946. Quoted in Nathan, Otto and Heinz Norden (eds.), *Einstein on Peace* (New York: Shocken,1968), 376. Reprinted in: Calaprice, Alice, *The New Quotable Einstein* (Princeton, NJ: Princeton UP, 2005), 175.

7 Attributed to Einstein.

8 Ibid.

9 Ibid.

10 From an address entitled "Science and Happiness" presented February 16, 1931, at the California Institute of Technology, Pasadena. Quoted in the *New York Times* February 17 and 22, 1931. Einstein Archive 36–320. Reprinted in: Calaprice, Alice, *The New Quotable Einstein* (Princeton, NJ: Princeton UP, 2005), 232–233.

11 Quoted on PBS television Nova documentary "Einstein", 1979.

世界和平

1 UN radio interview, 1950.

2 Einstein, Albert, *Cosmic Religion, with other Opinions and Aphorisms* (New York: Covici-Friede, 1931), 67.

科学与宗教

1 Einstein, Albert, *Out of My Later Years* (Secaucus, NJ: Citadel, 1956), 21–30.

科学与社会

1 Einstein, Albert, *Out of My Later Years* (Secaucus, NJ: Citadel,1956), 135–137.

艺术与创造力

1 1920. Quoted by Moszkowski, Alexander and Henry L. Brose (trans.), *Conversations with Einstein* (New York: Horizon, 1970), 184. Reprinted in: Calaprice, Alice, The New Quotable Einstein (Princeton, NJ: Princeton UP, 2005), 7–8.

2 November 15, 1950 regarding musician Ernst Bloch. Quoted in: Dukas, Helen and Banesh Hoffman (eds.) *Albert Einstein: The Human Side* (Princeton, NJ: Princeton UP, 1979), 77. Einstein Archive 34–332, and reprinted in: Calaprice, Alice, *The New Quotable Einstein* (Princeton, NJ: Princeton UP, 2005), 260.

3 Remark made in 1923. Recalled by Archibald Henderson *Durham Morning Herald* August 21, 1955. Einstein Archive 33–257. Reprinted in: Calaprice, Alice, *The New Quotable Einstein* (Princeton, NJ: Princeton UP, 2005), 230.

4 For a magazine on modern art, *Menschen.* Zeitschrift neuer Kunst 4, February 1921, 19. See also CPAE Vol. 7 Doc. 51, and reprinted in: Calaprice, Alice, *The New Quotable Einstein* (Princeton, NJ: Princeton UP, 2005), 252–253.

5 Einstein, Albert and Sonja Bargmann (trans.), *Ideas and Opinions* (New York: Crown, 1954), 32. From *Freedom, Its Meaning,* edited by Ruth Nan Anshen and James Gutmann (trans.) (New York: Harcourt, Brace and Company, 1940).

6 Attributed to Einstein.

想象力

1 "What Life means to Einstein," *Saturday Evening Post,* October 26, 1929. Also reprinted in: Calaprice, Alice, *The New Quotable Einstein* (Princeton, NJ: Princeton UP, 2005), 9.

好奇心

1 Clark, Ronald W., *Einstein: The Life and Times* (New York: The World Publishing Company, 1971), 622.

2 MacHale, Des, *Wisdom* (London: Prion, 2002).

大自然

1 To Margot Einstein in 1951, quoted by Hanna Loewy in A & E Television's Einstein Biography. VPI International, 1991. Also reprinted in: Calaprice, Alice, *The New Quotable Einstein* (Princeton, NJ: Princeton UP, 2005), 61.

2 Sullivan, Walter, "The Einstein Papers: A Man of Many Parts," New York Times March 29, 1972, 22 M.

永恒的奥秘

1 Einstein, Albert *Ideas and Opinions.* Sonja Bargmann (trans.). Crown Publishers, Inc., New York 1954, 292

人类存在的目标

1 Einstein, Albert O*ut of My Later Years.* The Citadel Press, Secaucus, New Jersey 1956, 260–261

我的信条

1 This article is an autumn 1932 speech to the German League of Human Rights, Berlin. Also reprinted in the Appendix of: White, Michael and John Gribbin, *Einstein, a Life in Science.* (New York: Dutton, 1994), 262-263.

科学中的宗教精神

1 Einstein, Albert, *Mein Weltbild* (Amsterdam: Querido Verlag, 1934). Reprinted in: Einstein, Albert and Sonja Bargmann (trans.), *Ideas and Opinions* (New York: Crown, 1954), 40. Also reprinted in: Einstein, Albert, *The World as I See It* (New York: Wisdom Library of the Philosophical Library, 1949), 111–112.

图像制作

viii Dennis Anderson **x** Herblock **xv** R. Schreiber **xviii** Karsh of Ottawa **xxii** Bettmann/CORBIS **xxiv–1** R. Gendler **3** ESO **5** NASA/Wolfgang Brandner (JPL/IPAC), Eva K. Grebel (University of Washington), You-Hua Chu (University of Illinois, Urbana-Champaign) **6–7** R. Gendler **8** NASA/JPL **10** NASA/NSF/AURA/T. Rector (University of Alaska, Anchorage), WIYN, NOAO **12** NASA/JPL/Northwestern University **16–17** NASA, composite by Walt Martin **18–19** C. O'Dell, M. Meixner, P. McCullough **20** Gregory Slater and Lawrence Shing, Lockheed Martin Advanced Technology Center **23** NASA/SOHO **24** NASA/TRACE **27** NSA/ESA/SOHO **28** Anglo-Australian Observatory, from UK Schmidt plates by David Malin **31** NASA/R. Lucas (STScI/AURA) **32** NASA/CXC/SAO **34** NASA/ESA, Jeff Hester and Paul Scowen (Arizona State University) **37** Gary Stevens **38** NASA/AURA/STScI, J. Hester, P. Scowen, B. Moore (Arizona State University) **40–41** European Southern Observatory's Melipal VLT Telescope **42** NASA/STScI/Corbis **44–45** NASA/STScI/AURA **46** NASA/ESA/HST **48** NASA/AURA/Hubble space telescope, H. Yang (University of Illinois), J. Hester (Arizona State University) **50–51** G. Stevens **52** Janos Rohan (astro.ini.hu), Szeged, Hungary **54** NASA/STScI/AURA, N. Scoville (Caltech), T. Rector (NOAO) **57** NASA/STScI/AURA, Bo Reipurth (University of Hawaii) **61** Canada-France-Hawaii Telescope, J. C. Cuillandre (XFHT), Coelum **62** European Southern Observatory **64–65** H. Ford, G. Illingworth, M. Clampin, G. Hartig **66** AFP/Getty Images **70–71** Royce Bair **72** NASA **74** NASA/STScI/AURA **77** NASA/ESA/H. Ford (JHU), G. Illingworth (UCSC/LO), M. Clampin (STScI), G. Hartig (STScI), the ACS Science Team **78** NASA/W. Keel (STScI/AURA) **83** NASA/Andrew Fruchter and the ERO Team [Sylvia Baggett (STScI), Richard Hook (ST-ECF), Zoltan Levay (STScI)] **84** John Bally (University of Colorado),Bo Reinpurth (University of Hawaii), NOAO/AURA/NSF **87** NASA/STScI/AURA **88–89** P. Knezek (WIYN), NASA, ESA, The Hubble Heritage Team (STScI/AURA) **90** JPL/NASA **93** NASA/Johns Hopkins University Applied Physics Laboratory/ Southwest Research Institute/Goddard Space Flight Center **94** NASA/Johns Hopkins University Applied Physics Laboratory/Carnegie Institution of Washington **96–97** NASA/JPL/Space Science Institute **98** NASA/STSCI/AURA, J. Maiz Apellániz (Instituto de Andalucia, Spain)

100 NASA/ESA/J. Hester (ASU) **101** NASA/CXC, D. Strickland (JHU) **102–103** NASA/ESA/STScl, K. Sahu **104** NASA/ESA/STScl/AURA, M. Robberto (HSpace Telescope Science InstituteH) **105** NASA/ESA/STScl/AURA, C. Engelbracht (University of Arizona) **106** Anglo-Australian Observatory/Royal Observatory, Edinburgh. Photograph from UK Schmidt plates by D. Malin **108–109** NASA/ESA/STScl/AURA **110** Anglo-Australian Observatory, D. Malin **112** NASA/ESAH/S. Beckwith (STScl) **114** Anglo-Australian Observatory, D. Malin **116** NASA/ESA/STScl/AURA **118** ESO **120** NASA/J. Hester (ASU) **122** Anglo-Australian Observatory/Royal Observatory, Edinburgh. Photograph from UK Schmidt plates by D. Malin **123** R. Gendler **129** Philippe Halsman/Magnum Photos

补充图注

页码viii－ix **极光**，（英文名词为polar aurorae，包括北极光——aurora borealis，直译北欧极光；南极光——aurora australis，直译澳洲极光）是大自然中最壮丽多彩的奇景。这张图名为“天使之火”（此图获得2005年Nordly年度图片大奖），尽管以双色调展示，仍不失其亮丽风采。

页码xxiv－1 **仙女座大星系**，亦即M31，是距离我们银河系最近的大星系。尽管近期的研究表明银河系是一个棒旋星系，它仍然被认为与M31很像。银河系和M31是本星系群中的两个主要星系。仙女座大星系周围的弥散光来自组成它的上千亿颗恒星。图中大星系周围显著的恒星实际上是前景中位于我们银河系内的恒星。这张漂亮的图片由40张高分辨灰度图拼接而成，这些图片拍摄于2002年9月至11月间。拍照所用的望远镜是一台12.5英寸口径的RC卡塞格林望远镜（Ritchey Chretien Cassegrain）。这张图片被《天文学杂志》（*Astronomy Magazine*）评选为近30年最佳天文图片之一。

页码18－19 **螺旋星云NGC7293**。这个天体是距离太阳最近的行星状星云。不同色彩自然分层并示踪了来自中心恒星喷射的不同电离度的物质壳层。氧原子被激发（或者说被加热）使中心区域显现出蓝色，而外侧红色区域是氢和氮主导的区域。红色壳层内最小的径向液滴状结构尺度也有150个天文单位（即150倍日地距离）。人们特别为这种漂亮的结构命名，称之为“向日葵星云”。

页码50－51 **M42，即猎户座大星云**。2000年11月，一名天文爱好者在美国约书亚树村（Joshua Tree national park）拍摄到了这张杰出的照片。

页码64－65 **老鼠星系(亦即NGC4676)**。位于后发星系团，距离我们300光年。这是一对正在相互作用的星系，它拖出了一条用恒星气体组成的长尾巴，看上去像一只老鼠，因此被称为老鼠星系。最终它们将并合到一起成为一个星系。

附录

爱因斯坦著作简明列表

《宇宙宗教与其他观点和格言》，*Cosmic Religion, with other Opinions and Aphorisms*. New York: Covici/Friede, 1931.

《关于科学的文章》，*Essays on Science*. New York: Philosophical Library, 1934.

《我所看到的世界》，*The World As I See It*. London: John Lane, 1935.

《相对论的意义》，*The Meaning of Relativity*. New York: Crown, 1950.

《关于布朗运动的调研》，R. F ü rth (ed.) *Investigations on the Theory of the Brownian Movement*. Mineola, NY: Dover, 1956.

《爱因斯坦晚年文集》，*Out of My Later Years*. New York: Citadel, 1956.

《相对论原理》，*The Principle of Relativity*. Dover Publications 1956.

《物理学的进化》，L. Infeld. *The Evolution of Physics*. Cambridge UP, 1961.

《相对论》，*Relativity*. New York: Crown, 1961.

《观念与意见》，*Ideas and Opinions*. New York: Dell Publishing, 1973.

《亲爱的爱因斯坦教授》，Robert Schulmann (contrib.), Alice Calaprice (ed.), Evelyn Einstein (intr.). *Dear Professor Einstein*. Amherst, NY: Prometheus, 2002.

《爱因斯坦终极语录》，Alice Calaprice (ed.), Freeman Dyson (forew.) *The Ultimate Quotable Einstein*. Princeton, NJ: Princeton UP, 2011.

阿尔伯特·爱因斯坦

是人类历史上卓越的思想家、理论物理学家，他发展了包括相对论在内的一系列科学理论。

沃尔特·马丁

毕业于爱荷华州费尔菲尔德的马来西亚国际大学（现马哈里斯大学管理学院），获得跨学科学士学位，专注于教育。马丁对二十一世纪的环境与社会问题充满热情，对当地的环保改革发挥了重要作用，得到了美国环保署的赞誉，并导致了国家政策改革。

马格达·奥特

在捷克共和国靠近波兰边境的自然保护区内长大，后移民西德。她在法兰克福的J. W.歌德大学学习德语、斯拉夫语和美国印第安文学，之后于华盛顿特区的马哈里斯国际大学和爱荷华州费尔菲尔德完成了文学研究。她目前的兴趣包括社会研究和文化分析。

汪翊鹏

天体物理专业方向，曾于欧洲南方天文台和美国红外数据处理中心交流，现从事星系与宇宙学方向研究。